PRINCIPLES OF COOKING
조리원리

머리말

사람이 건강하게 살아가기 위해서는 영양소의 섭취가 필수적입니다. 영양소는 식품 섭취를 통해 공급되는데 사람은 식품을 그 자체로 섭취하기도 하지만, 조리과정을 거쳐 맛도, 안전성도 영양성분의 흡수율도 향상된 음식을 만들어 섭취하는 경우가 더 많습니다. 이렇게 조리과정을 통해 만든 음식은 사람들에게 건강, 맛에 의한 즐거움뿐 아니라, 음식과 함께 공유하는 공감대를 통해 주변 사람들과 친교를 나눌 수 있게 해주니 조리과정이 우리들의 삶에서 얼마나 가치있는 과정인지 이해할 수 있을 것입니다.

한편, 음식을 만들기 위한 조리과정은 매일 하루 세 끼를 먹기 위해 우리들 대부분이 행하는 과정이기 때문에, 손맛이 중요하고 또 반복해서 하다 보면 맛을 낼 수 있는 단순한 기술적인 활동이라고 생각하기 쉽습니다. 그러나 조리는 과학입니다. 식품의 물리화학적 성질을 이해하고 또 조리과정 중 일어나는 수많은 변화의 원리를 과학적 기초지식을 토대로 이해하고 조절함으로써 최적의 조리방법을 선택해야 음식의 가치를 더 높일 수 있게 됩니다.

이에 저자들은 식품영양학, 조리학을 공부하는 학생들에게 조리의 과학적인 원리를 이해하고 최적의 조리방법을 찾아가는 데 도움이 되기를 바라는 마음으로, 저자들이 강의를 하면서 수집한 자료를 토대로 많은 경험을 녹여 이 책을 정리하였습니다.

이 책은 총 13장으로 구성되어 있습니다. 먼저 조리원리의 개요와 함께 기본적인 과학적 원리, 다양한 조리방법들을 이해하도록 1장과 2장을 구성하였고, 3장부터는 각 식품별로 구분하여 식품의 특성과 함께 조리과정 중 나타나는 변화에 대해 과학적인 원리를 설명하고 바람직한 조리방법들을 정리하였으며 중간에 일상생활에 도움이 되는 상식과 궁금증을 풀어드리는 내용도 포함하였습니다.

저자들은 책의 내용을 기술하면서 우리 생활에 깊숙이 자리 잡은 외래어를 표기함에 있어 고민이 많았습니다. 식품이나 영양에 관한 전공 분야에서도 외래어를 표기하는 방법이 무척 다양하고 또 각자에게 익숙한 방식의 용어가 있었지만, 일관성 있는 기술을 위해 이 책에 기술된 외래어는 '비타민'처럼 일상적으로 사용하는 몇 가지 용어를 제외하고는 한국식품과학회에서 출판한 '식품과학용어집(3판, 2015)'을 준용하였음을 알려드립니다.

책을 내놓으면서 부족함을 느끼지만, 앞으로 새롭게 나오는 연구 결과와 기타 과학적인 자료를 통해 지속적으로 보완하여 그 완성도를 높이도록 하겠습니다.

마지막으로 이 책이 출판되도록 물심양면으로 도와주신 파워북 김재원 전무님과 관계자 분들께 감사 말씀을 드립니다.

저자 일동

차례

CHAPTER 6

콩류

CHAPTER 7

육류

CHAPTER 8

어패류

CHAPTER 9

달걀

CHAPTER 10

우유와 유제품

CHAPTER 11

유지류

CHAPTER 12

채소류와 과일류

CHAPTER 13

해조류와 버섯류

1

CHAPTER

조리원리의 기초

1. 조리의 의의와 목적 | 2. 조리의 기초과학

학습목표

- 조리의 의의와 목적을 설명할 수 있다.
- 조리과정에 관련된 기초적인 과학적 성질을 설명할 수 있다.
- 열의 전달 방법 및 열 전달매체의 특성을 설명할 수 있다.
- 식품, 음식의 분산 형태를 설명할 수 있다.

1. 조리의 의의와 목적

1) 조리의 의의

인간은 건강한 삶을 유지하기 위해 필요한 영양소를 식품 섭취를 통해 공급받는데, 동물과 다르게 조리과정을 거쳐 식품을 섭취한다. 즉, 식품이 가진 기본적인 특성에 대해 다양한 방법으로 조리함으로써 식품의 물리적, 화학적 변화를 초래하여 더욱 맛있는 음식을 만들어 섭취하는 것이다. 이와 같이 조리란 식품의 가치를 높이는 과정으로, 식품에 조미료를 넣거나 가열 등을 거치면서 식품의 기본적인 특성을 증진하는 한편, 식품에 존재하는 독성이나 좋지 않은 성분을 제거함으로써 안전하고 맛있는 음식을 만들게 된다.

한편, 현대에는 음식이 주는 건강, 맛, 즐거움 등의 의미가 강조되면서 조리의 개념이 음식을 만드는 좁은 의미에 국한되지 않고 식단 구성, 식품 재료의 선택, 음식의 제공방법까지 포함하는 폭넓은 개념으로 확대 해석되고 있다.

2) 조리의 목적

(1) 식품의 소화성 및 영양적 효용성 향상

식품의 단단한 부분을 자르거나 다지는 처리, 수분 흡수 및 가열 등은 식품의 조직을 부드럽게 하여 소화율을 높이고 이를 통해 영양성분이 효율적으로 흡수되어 영양적 효용성이 증가한다. 그 예로는 쌀이나 밀가루 등의 제품을 조리하여 전분의 호화가 일어나면 아밀레이스의 작용을 받기 쉬워지는 것, 콩과 같은 단단한 식품은 씹기도 어렵고 소화되기도 어렵지만 물에 담그거나 가열 등의 조리과정을 거치면서 연화되는 것, 달걀에 있는 아비딘avidin이나 콩에 있는 트립신저해제trypsin inhibitor 등과 같은 영양저해물질들이 가열을 통해 불활성화되는 것 등을 들 수 있다.

(2) 식품의 기호성 향상

식품을 조리하면 색, 향, 질감 등의 변화로 맛이 좋아져 기호성이 향상된다. 그 예로는 빵을 구울 때 노르스름하게 색이 변하고 고소한 향미성분이 생기는 것, 생선의 비린내가 제거되는 것, 채소를 물에 담가 놓음으로써 아삭거리는 것, 또 난백의 거품을 내어 부드러운 질감으로 되는 것 등을 들 수 있다.

(3) 식품의 안전성 향상

식품에 부착된 해로운 미생물이나 기타 오염물질, 독성물질이 세척, 가열, 잘라내기 등을 통해 제거됨으로써 식품의 위생적 안전성이 향상된다. 그 예로는 채소 세척으로 불순물 제거, 감자 싹의 제거로 솔라닌 제거, 생선 가열 처리로 살균효과, 콩의 헤마글루티닌hemagglutinin 등의 독성성분들이 가열을 통해 무독화되는 것 등을 들 수 있다.

(4) 식품의 저장성 향상

식품에 들어 있는 산화효소나 분해효소로 인해 보관 중 조직이 물러지고 산패가 일어날 수 있으나 조리과정으로 가열 처리하면 효소의 불활성화로 식품의 변질을 어느 정도 막을 수 있다. 또한 수분의 함량을 줄이거나 소금 등의 첨가로 수분활성도를 낮춰 미생물의 번식을 막아 저장기간을 연장할 수 있게 된다. 그 예로, 동치미를 만들 때 무를 뜨거운 소금물에 절임으로써 과숙에 관여하는 효소를 불활성화하여 pH 감소 억제 및 견고성 향상에 효과가 좋은 것, 죽순을 열처리함으로써 갈변 방지뿐 아니라 질감 등 전반적인 관능적 품질 저하를 막아 장기 보관을 할 수 있는 것, 그리고 소금, 식초나 설탕을 이용한 여러 가지 절임류 등을 들 수 있다.

물론 조리를 통해 좋은 것만 얻을 수 있는 것은 아니다. 여러 가지 영양소의 손실, 색의 바람직하지 않은 변화 등도 초래할 수 있으므로 적절한 조리방법을 선택하도록 유의하여야 한다.

3) 조리원리의 의의

전통적인 조리방식은 경험과 전통을 통해 그 요령이 전수되었다. 그러나 이제는 이런 답습에 의한 지식이나 요령을 누구라도 이해하고 활용할 수 있도록 이론적 근거를 제시함으로써 재현성 있는 기술로 바꿀 필요가 있다. 이를 위해 조리에서 일어나는 식품의 성분 변화, 물성 변화 등을 과학적으로 해명하고자 하나의 학문으로 발전한 것이 '조리원리'이다.

조리란 식품의 물리적 · 화학적 변화를 통해 그 가치를 높이는 과정이며, 최적의 조리를 위해서는 과학적 기초지식을 토대로 조리과정 중 일어나는 변화를 이해하고 조절함으로써 최적의 조리방법을 선택해야 한다. 즉, 조리원리는 물리학, 화학, 생물학적인 지식에 식품학, 영양학, 위생학까지 통합된 접근방법을 통해 각 식품에서 일어나는 물리화학적인 변화들을 종합적으로 해석하여 합리적인 조리방법을 적용함으로써 결과적으로 식품의 영양성, 기호성, 안전성 등의 가치를 극대화하기 위한 학문이라고 할 수 있다.

2. 조리의 기초과학

1) 조리와 물성

(1) 점성

점성viscosity은 흐름에 대한 저항으로 찰지고 끈끈한 성질을 말한다. 액체 내부의 분자 밀도가 커지면 분자는 운동할 때 충돌하여 마찰을 일으키는데 이때 액체 내의 분자 마찰을 점성이라 한다. 점성은 농도가 높을수록, 온도가 낮을수록 증가한다.

죽과 같이 점성이 높은 물질을 가열할 때는 잘 저어서 내부에 열의 이동이 골고루 일어나도록 해야 한다.

(2) 표면장력

표면장력surface tension은 액체가 다른 액체, 기체나 고체 등과 닿아 있을 때 액체 표면의 분자 간에 끌어당기는 힘에 의해 표면이 내부 쪽으로 휘어 접촉 표면을 작게 만드는 성질그림 1-1로 계면장력이라고도 한다. 물은 표면장력이 큰 액체로, 풀잎에 맺힌 물방울 등에서 그 현상을 볼 수 있다.

표면장력은 여러 요인에 의해 영향을 받는데, 온도가 올라가면 표면에 있는 분자의 운동이 활발해져 표면장력은 감소한다. 또 설탕 등은 표면장력을 증가시키는 반면, 지방산, 알코올, 단백질, 비누(세제) 등은 감소시킨다.

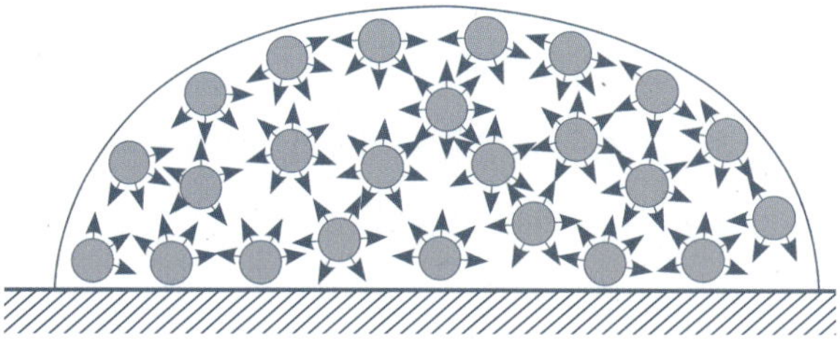

그림 1-1 표면장력의 원리와 예

(3) 유화

유화emulsification란 한 액체 속에 그것과 서로 섞이지 않으려는 액체를 작은 방울로 분산된 상태로 만드는 것을 말한다.

① 유화제

물과 기름처럼 섞이지 않는 액체를 세게 저으면 일시적으로는 유화를 이뤄 섞인 것처럼 보이지만 시간이 흐르면서 두 액체는 분리된다. 유화액의 안정성을 높이기 위해서는 유화제를 사용하는데, 유화제는 친수기와 친유기를 동시에 보유하고 있어 친수기는 물 쪽으로, 친유기는 기름 쪽으로 배열하면서 이들이 응집되지 않도록 도와준다 그림 1-2.

자연에 존재하는 식품 성분 중 유화제의 성질을 가지고 있는 것으로 레시틴, 단백질, 펙틴 등이 해당하며 그중 조리에 사용되는 대표적인 유화제는 레시틴이다.

② 유화액의 분류

유화액은 수중유적형oil in water, O/W과 유중수적형water in oil, W/O으로 구분된다그림 1-2. 수중유적형 유화액은 연속상인 물에 기름방울이 분산된 것으로 마요네즈, 우유, 아이스크림 등이 해당하며, 유중수적형 유화액은 연속상인 기름에 물이 분산된 것으로 버터, 마가린이 해당한다.

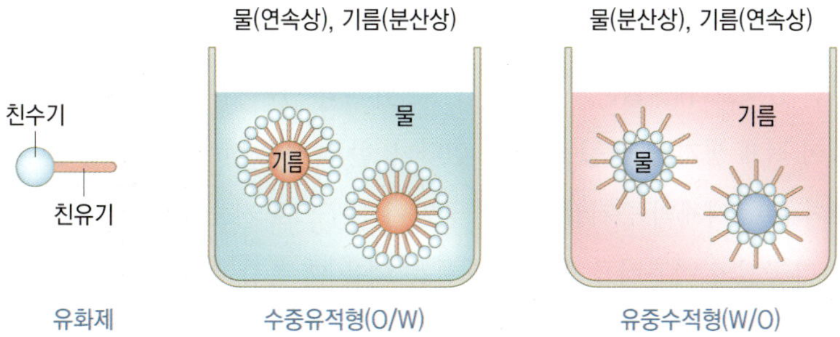

그림 1-2 유화액의 분류

만들고자 하는 유화액의 형태에 따라 성질이 다른 유화제를 사용해야 한다. 유화제는 친수성이 강한지 친유성이 강한지 HLBhydrophilic lipophlic balance 값으로 나타내는데, 수중유적형 유화액을 만들 때는 친수성이 강한 유화제를 사용하는 것이 적합하므로 HLB 값은 8~18이 적당하고, 반면에 유중수적형의 경우에 HLB 값은 3~6 정도가 적당하다.

③ 안정성에 따른 유화의 구분

유화액은 유화제의 존재, 분산상의 크기, 연속상의 점도, 연속상에 대한 분산상의 비율 등에 의해 안정성이 결정되며, 그에 따라 일시적 유화액, 반영구적 유화액, 영구적 유화액으로 구분한다. 일시적 유화액은 흔들어서 기름과 물을 일시적으로 혼합시킨 것으로, 유화제가 거의 없고 점도가 낮아 쉽게 분리되며 프렌치드레싱이 해당한다. 일시적 유화액에 꿀 등을 넣어 점성을 높이면 유화액의 분리가 지연되는데 이때의 상태를 반영구적 유화액이라 한다. 영구적 유화액은 점성이 크고 유화제를 사용하여 분리가 잘 일어나지 않는 것으로 마요네즈가 대표적인 예이다.

(4) 거품

거품foam은 기체가 얇은 액체의 막에 싸여 있는 것으로, 거품이 형성되려면 액체가 쉽게 펼쳐져 기체 방울을 둘러싸야 하므로 표면장력이 낮은 액체에서 거품 형성이 쉽다. 액체의 온도가 높으면 표면장력이 낮아지므로 거품 형성이 쉬워진다. 그 예로, 냉장고에 보관한 난백보다는 실온에 일정 시간 둔 난백의 거품 형성이 더 쉬운 것, 차가운 맥주의 거품이 적게 생기는 것 등을 들 수 있다. 또한 액체의 점성은 거품을 안정하게 유지하도록 도와주며, 액체의 증기압이 크면 증발이 쉬우므로 거품의 안정성은 떨어진다.

거품은 다공질의 텍스처를 만들어 식품을 먹을 때 촉감에 관여하는데, 거품이 바람직하게 이용되고 있는 예는 맥주, 머랭, 빵류 등에서 볼 수 있다. 반면 우유를 끓이거나 발효식품 · 두부 · 물엿 등을 만들 때 바람직하지 않은 거품을 볼 수 있는데, 이때는 거품을 없애기 위해 소포제 등을 이용한다.

(5) 팽윤

팽윤swelling은 고분자물질이 용매를 흡수하여 몇 배로 부푸는 현상으로, 콩이나 말린 미역, 버섯 등을 물에 담갔을 때 나타난다.

(6) 삼투

반투막

용매는 통과시키지만 용질은 통과시키지 않는 막

삼투osmosis는 반투막으로 나뉜 다른 농도의 두 용액 사이에서 저농도 용액에서 고농도 용액으로 용매가 이동하는 현상을 말한다그림 1-3. 두 용액의 농도가 같아질 때까지 삼투가 일어나며 이때 반투막의 양쪽에서 생기는 압력 차를 삼투압이라 한다.

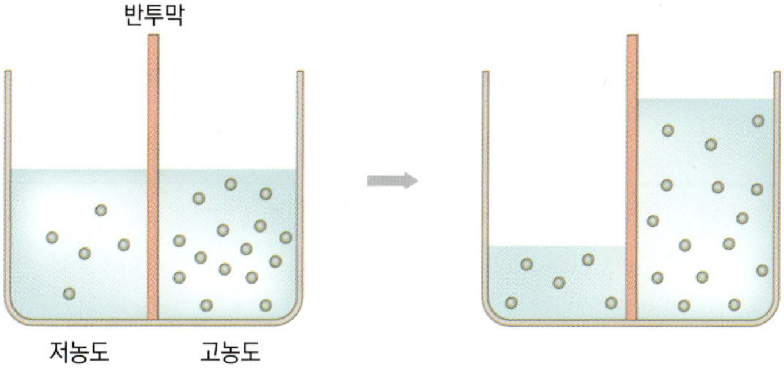

그림 1-3 삼투현상

배추, 오이, 생선 등에 소금을 뿌려 두면 물이 생기는 것을 볼 수 있는데 이것은 삼투현상에 의해 탈수가 일어난 것이다.

(7) 확산

확산diffusion이란 밀도 차이나 농도 차이에 의해서 높은 쪽에서 낮은 쪽으로 액체나 기체 속으로 분자가 퍼져나가는 현상을 말한다. 물 속에 커피를 넣었을 때 전체가 균일하게 섞이는 것그림 1-4에서 볼 수 있는 현상이다. 확산이 일어나는 것은 물질분자가 끊임없이 운동하고 있기 때문인데 그 모양은 열이 고온부에서 저온부로 이동하여 전체 온도가 균일하게 되는 것과 비슷하다.

그림 1-4 확산현상

조리과정 중 조미료가 식품에 침투되는 것도 농도가 높은 쪽에서 낮은 쪽으로 용질이 이동하는 것으로, 과일이나 채소 등을 설탕, 소금으로 절인 경우 설탕과 소금이 투과성 막인 식품의 세포벽을 통과하여 식품 내부로 들어간 것이다.

알고 갑시다

조미료의 사용 순서

소금과 설탕을 동시에 조미하면 분자량이 작은 소금이 빨리 침투하여 짠맛이 더 강해지므로 설탕을 먼저 넣은 뒤에 소금을 넣는 것이 좋다. 간장은 향이 있으므로 소금보다 나중에 사용하며, 식초는 휘발성이 강하므로 가장 나중에 넣는다(설탕→소금→간장→식초의 순서).

(8) 탄성과 가소성

탄성elasticity은 외부의 힘에 의해 변형된 물체가 그 힘이 제거되었을 때 원래의 상태로 되돌아가려고 하는 성질로, 용수철이나 고무줄은 탄성이 큰 물질이다. 식품의 예로는 어묵, 도토리묵, 젤리 등에서 탄성을 볼 수 있다.

탄성과 반대되는 성질인 가소성plasticity은 외부의 힘에 의해 변형된 후 그 힘이 제거되어도 원래의 상태로 돌아가지 않고 영구적으로 변화하는 성질을 말하는데, 버터나 마가린을 펴 발랐을 때 그 형태를 유지하는 것, 초콜릿을 다양한 모양으로 만드는 것 등을 예로 들 수 있다.

- **용질** : 녹는 물질
- **용매** : 녹이는 물질
- **용액** : 용질 + 용매

- **불포화용액** : 한계보다 적은 양의 용질이 녹아 있는 용액
- **포화용액** : 최대의 용질이 녹아 있는 용액
- **과포화용액** : 한계보다 더 많은 양의 용질이 녹아 있는 용액

(9) 용해도

용해도solubility는 포화용액 속에 녹아 있는 용질의 양으로, 일정 온도에서 용매 100 g 속에 녹을 수 있는 용질의 최대 g 수로 나타낸다. 용해도는 용질의 종류에 따라 많은 차이가 있으며 온도, 용질의 상태 등에 의해 영향을 받는다. 용질이 고체 또는 액체인 경우 용해도는 온도가 상승할수록 증가하지만, 용질이 기체인 경우에는 온도가 상승함에 따라 감소한다. 탄산음료는 차가울수록 탄산가스가 더 많이 녹아 있어 톡 쏘는 맛이 강해진다.

높은 온도에서 설탕용액을 포화 상태로 하였다가 식히면 과포화 상태가 되며, 이때 교반을 통한 강한 자극을 주어 미세한 결정의 설탕캔디를 만들 수 있는데 이렇게 만들어지는 것이 퐁당fondant이다.

2) 조리와 열

(1) 열

① 열의 강도

열은 에너지의 한 형태로, 물질에 열을 가하게 되면 분자운동이 활발해져서 온도가 상승하고 이 열이 전달되면서 열에 의한 조리가 이루어진다.

열의 강도는 온도로 나타내는데 조리에 사용되는 온도 단위는 섭씨Celsius, ℃와 화씨Fahrenheit, ℉이다. 섭씨는 우리나라에서 익숙한 표시법으로 물의 끓는점을 100℃, 어는점을 0℃로 하여 그 사이를 100등분하여 나타낸 것이고, 화씨는 끓는점을 212℉, 어는점을 32℉로 하여 그 사이를 180등분하여 표시한 것이다. 화씨를 섭씨로 환산하는 산식은 다음과 같다.

$$℃ = (℉ - 32) \div 1.8$$

② 비열

동일한 열이 전달되어도 물질마다 온도의 상승 정도는 달라지는데, 이 정도를 나타내는 것이 비열specific heat이다. 즉, 비열은 어떤 물질 1 g을 1℃ 올리는 데 필요한 열량으로 단위는 cal/g・℃이며 물의 비열은 1 cal/g・℃이다. 물과 같이 비열이 큰 식품은 온도를 높이는 데 많은 열에너지가 필요하고, 일단 온도가 높아진 후에는 빨리 식지 않는 반면, 기름은 비열이 물보다 작으므로(0.47 cal/g・℃) 빨리 온도가 높아지지만 금방 식어버리므로 튀긴 식품은 뜨거운 온도를 유지하기가 어렵다.

조리하는 동안 온도를 일정하게 유지하기 위해서는 열전도율이 작은 기구나 비열이 큰 매체를 사용하여 온도의 변화를 줄이는 것이 좋다. 예를 들면 비열이 작은 구리 냄비보다는 돌솥이나 뚝배기를 이용하면 가열시간은 오래 걸리나 오랫동안 따뜻하게 음식의 온도를 유지할 수 있다.

(2) 열의 전달

열원에서 식품으로 열이 전달되는 방법에는 전도, 대류, 복사가 있는데그림 1-5 조리할 때는 대부분 복합적으로 열 전달방법이 이용된다. 3가지 방법의 열 전달속도는 열원의 종류, 조리환경, 매질의 특성에 따라 달라질 수 있다.

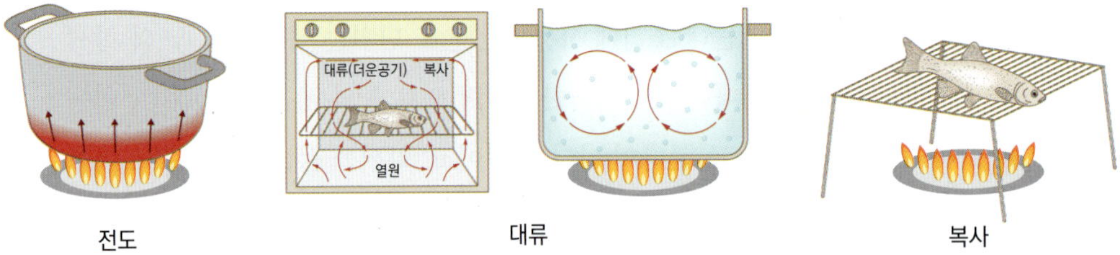

그림 1-5 열 전달방법

① 전도

전도conduction는 고체나 액체 물질에 열이 가해졌을 때 분자운동이 활발해지고 그 진동이 인접하고 있는 분자로 전달되어 열이 이동하는 것이다. 즉, 열이 인접하고 있는 물체를 따라 높은 온도에서 낮은 온도로 이동하는 것으로, 전도는 다른 열 전달방법보다 전달속도가 느리다. 전도에 의해 열이 전달되는 예는 냄비 바닥이 열원에 닿아 먼저 뜨거워지고 시간이 지나면서 냄비의 윗부분, 손잡이 등이 뜨거워지는 것을 들 수 있다.

전도에 의해 열이 전달되는 속도를 열전도율이라고 하는데 이것은 물질의 종류에 따라 다르다표 1-1. 열전도율이 큰 것은 빨리 데워지지만 식는 속도도 빨라 보온성이 떨어진다. 일반적으로 구리, 알루미늄 같은 금속류는 열전도율이 커서 열 전달속도가 빠르므로 냄비 같은 조리기구로 이용되며, 보온성이 필요한 경우에는 열전도율이 낮은 유리나 도자기류를 사용하는 것이 좋다.

표 1-1 여러 가지 물질의 열전도율

물질	열전도율	물질	열전도율
은	100(기준)	스테인레스 스틸	3~10.5
구리	93	유리	0.3
알루미늄	55	물	0.14
철	18.7	공기	0.006

알고 갑시다

라면을 알루미늄 냄비에 끓이면?

알루미늄 재질은 열전도율이 높아 라면을 넣은 후 조리수의 온도가 빨리 올라가므로 면이 빨리 익는다.

② 대류

대류convection는 액체와 기체 같은 유체流體의 순환에 의해 열이 전달되는 방법이다. 액체나 기체를 밑에서 가열하면 전도에 의해 뜨거워진 부분이 팽창하여 밀도가 작아지기 때문에 부력이 생겨 위로 올라가고, 위에 있던 찬 부분은 밀도가 커서 무거우므로 아래로 내려와 열원과 닿으면서 뜨거워지면 다시 위로 올라가게 된다. 이와 같이 물질이 상하로 이동하면서 열이 전해지는 것을 대류라 하며, 그 예로 오븐 안의 공기, 냄비의 물이 가열되면서 흐름이 일어나는 것을 들 수 있다.

대류가 효율적으로 일어나게 하기 위해서 주의해야 할 사항이 있다. 대류는 가열에 의한 온도 차이로 인해 자연적으로 발생할 수 있지만, 점성이 있는 액체는 대류가 원활하지 못하여 냄비 밑바닥의 음식이 탈 수 있으므로 강제로 대류가 일어나도록 저어주어야 한다. 또한 오븐을 이용하는 경우에는 공기의 흐름이 방해되지 않도록 판의 위치를 엇갈리게 놓아야 한다.

③ 복사

복사radiation는 중간매체 없이 열원에서 물체로 직접 열이 전달되는 것으로 빛의 속도로 전달되므로 가장 빠른 열 전달방법이나 물체 흡수율, 거리, 온도환경 등에 따라 달라질 수 있다. 복사열을 이용한 예는 숯불이나 가스레인지 등을 이용한 직화구이, 오븐구이, 토스터로 구운 빵 등에서 볼 수 있으며, 복사열에 의해 식품의 표면(오븐구이의 경우는 조리용기)이 가열된 후 전도에 의해 식품 내부까지 열 전달이 진행된다.

복사를 이용하여 오븐조리를 할 때는 조리용기가 복사에너지를 잘 흡수해야 하는데 복사열은 조리 용기의 재질에 따라 그 흡수 정도가 달라진다. 표면이 매끈하고 밝은 색을 띠는 용기는 복사열을 반사하는 반면, 거칠고 어두운 색을 띠는 용기는 복사열을 잘 흡수하여 빨리 가열된다. 투명한 유리용기인 파이렉스pyrex는 복사열을 투과시켜 식품 표면에 흡수되도록 한다.

알고 갑시다

전자레인지의 가열

전자레인지에서 발생한 극초단파에 의해 식품 내부에서 마찰열을 발생시켜 식품을 가열하는 것이다. 유리, 종이, 도자기, 플라스틱 등은 극초단파를 투과시키지만, 금속은 이를 반사하는 성질이 있으므로 금속용기를 사용할 때는 열의 발생이 어렵게 된다.

인덕션레인지의 가열원리

인덕션레인지induction range는 유도가열induction heating 방식으로, 레인지 상판 아래에 있는 코일에서 발생하는 자기장을 이용하는 조리기구이다. 자기장이 발생하면 자성에 반응하는 철 재질의 냄비만 뜨겁게 만들고 유리로 된 레인지 상판은 뜨거워지지 않아 열의 이용 효율이 높고 화상의 위험이 적은 것이 장점이다. 반면 조리용기의 제한이 있어 유리, 도자기, 알루미늄, 구리 등과 같이 자성에 반응하지 않는 비철 재질의 용기는 사용이 불가능하다.

(3) 열 전달매체

식품을 가열할 때 열을 전달하는 매체는 물, 수증기, 유지, 공기 등이 있으며 열 전달 방법별로 사용되는 열 전달매체는 표 1-2와 같다.

표 1-2 열 전달매체별 주요 열 전달방법

열 전달매체	주요 작용	복사의 역할
물(끓이기, 삶기)	대류 + 전도	물 표면에서만 미세하게 존재함(보조적 역할)
수증기(찜)	대류 + 응축잠열	고온 스팀에서 일부 복사열 포함(보조적 역할)
유지(기름, 튀김)	대류 + 전도	고온 기름 표면에서 적외선 일부 발생(보조적 역할)
공기(오븐, 그릴)	대류 + 복사	복사가 주 전달 방식 중 하나

① 물

물은 끓이기, 삶기, 데치기 등과 같은 습열조리에서 열을 전달하는 매체로, 열원에서 냄비를 통해 물에 전달된 열이 전도와 대류에 의해 식품으로 이동한다. 물은 공기보다 좋은 전도체이므로 열을 빨리 전달하기는 하나 대기압(1기압)에서 전달할 수 있는 최고 온도는 물의 끓는점인 100℃이다.

② 수증기

수증기는 찌기와 같은 습열조리에서 열을 전달하는 매체로, 식품에 수증기가 닿으면 물이 수증기로 변할 때 흡수한 기화열(물 1 g당 540 cal)이 식품으로 전달되어 가열된다.

③ 유지

유지는 튀기기, 볶기, 부치기 등과 같은 건열조리에서 열을 전달하는 매체로, 물보다 높은 온도로 사용되므로 많은 열을 전달할 수 있으며 비열이 작아 열 전달속도도 빠르다.

④ 공기

공기는 굽기와 같은 건열조리에서 열을 전달하는 매체로, 주로 대류와 복사에 의해 열을 전달한다. 물이나 유지에 비해 열 전달속도가 느려 조리시간이 오래 걸린다.

3) 조리와 물

물은 식품의 구성성분인 동시에 조리과정 중 별도로 첨가되어 다음과 같이 중요한 역할을 하게 된다.

- 열의 전도체 : 전분의 호화 등
- 용매작용 : 삼투압 조절, 조미료 침투 등
- 건조식품의 팽윤
- 오염물질 및 좋지 않은 맛성분 제거
- 글루텐 형성
- 기타 식품의 성질, 모양, 맛 등에 영향

(1) 물의 분류

① 자유수와 결합수

식품에 존재하는 물은 결합 정도에 따라 자유수free water와 결합수bound water로 구분된다. 자유수는 결합하지 않고 자유롭게 이동할 수 있는 보통의 물을 말하는데, 분산질에 대하여 분산매로 작용하고 미생물의 생육·증식에 이용된다. 또한 0℃ 이하에서 얼고 100℃ 이상에서 증발하며 건조·압착 시 쉽게 제거되는 성질을 가지고 있다. 반면 탄수화물, 단백질 등과 결합되어 있는 결합수는 자유수와 상반되는 성질을 나타낸다.

② 경수와 연수

물은 무기염의 함유 정도에 따라 경수와 연수로 구분된다. 경수는 칼슘이온Ca^{2+}이나 마그네슘이온Mg^{2+}을 비교적 많이 함유한 물로 일시적 경수와 영구적 경수로 구분된다.

이온이 탄산염을 이루는 경우는 끓였을 때 침전되므로 연수로 바뀔 수 있는 일시적 경수이고, 황산염을 이루는 경우는 끓여도 침전되지 않으므로 영구적 경수라고 한다. 반면 이들 이온이 적게 함유된 것은 단물 또는 연수라 한다. 대부분의 지하수는 경수이고 빗물과 하천수, 수돗물은 연수이다.

경수에 함유된 무기염은 조리할 때 영향을 미친다. 말린 콩을 불릴 때 경수에 함유되어 있던 칼슘은 콩의 수분 흡수를 지연시키며, 알칼리성인 경수는 채소를 조리할 때 색에도 영향을 미치게 된다. 또 차를 끓일 때는 타닌과 반응하여 차를 혼탁하게 할 수 있다.

(2) 물의 성질

① 끓는점

물이 기화될 때의 온도를 끓는점이라고 한다. 끓는점은 증기압이 대기압보다 높아지는 순간의 온도로, 1기압하에서 물의 끓는점은 100℃이지만 대기압이 낮아지면 물의 끓는점도 낮아진다표 1-3. 반면에 설탕이나 소금을 넣은 경우에는 증기압을 낮추게 되므로 끓는점이 올라간다. 설탕용액은 1몰랄농도(설탕 342.3 g/물 1 kg)당 0.52℃씩 끓는점이 높아지고, 소금용액은 Na^+와 Cl^-로 이온화되므로 2배의 효과가 있어 1몰랄농도(소금 58.45 g/물 1 kg)당 1.04℃씩 높아진다.

증기압

증기가 액체 또는 고체와 동적 평형 상태에 있을 때의 압력으로, 증기압이 클수록 증발 또는 휘발하기 쉬움

몰랄농도(molality, m)

용매 1 kg에 녹아 있는 용질의 몰수로 나타낸 농도(mol/kg)

표 1-3 기압, 해발고도에 따른 끓는점의 변화

기압	해발고도(m)	끓는점(℃)
1(760 mmHg)	0	100
0.68(516.8 mmHg)	3,000	90
0.47(357.2 mmHg)	6,000	80
0.33(250.8 mmHg)	8,848*	71

*에베레스트산의 높이

알고 갑시다

산 위에서 맛있는 밥 짓기

높은 산에서는 물의 끓는점이 100℃보다 낮아져 전분의 호화에 필요한 충분한 열이 전달되지 않으므로 밥이 설익게 된다. 이때 압력냄비를 사용하거나 일반 냄비 위에 돌을 올려놓으면 냄비 안의 압력이 높아져 물의 끓는점을 높일 수 있다.

② 어는점

물이 얼기 시작할 때의 온도를 어는점이라고 한다. 1기압하에서 순수한 물의 어는점은 0℃이며 설탕이나 소금을 첨가하게 되면 어는점은 내려간다. 설탕용액은 1몰랄농도당 1.86℃씩 낮아지고, 소금용액은 1몰랄농도당 3.72℃씩 낮아지는데 이 성질은 아이스크림 등 냉동 후식류의 제조와 저장에 이용된다.

알고 갑시다

아이스크림의 제조

- 설탕 함량이 많은 냉동 후식류는 적은 것보다 어는점이 낮으므로 더 오래 얼려야 하는 반면 더 빨리 녹는다.
- 소금은 설탕에 비해 2배로 어는점을 낮추므로 아이스크림 제조 용기 주위에 얼음과 암염을 함께 채우면 낮은 온도를 유지할 수 있다.

③ 분산매

식품에 함유된 물은 식품 내 여러 성분들의 분산매이며 조리를 위해 사용되는 물도 분산매로 작용한다. 분산액은 분산질의 크기에 따라 진용액, 콜로이드, 현탁액으로 구분하는데 이들의 특징은 분산 형태에서 자세히 다루고자 한다.

④ 수분활성도

어떤 온도에서 식품 내 물의 수증기압(P)과 그 온도에서 순수한 물의 수증기압(P_0)의 비율을 수분활성도water activity($A_w = P/P_0$)라 한다.

순수한 물의 수분활성도는 1이며, 식품의 수분은 탄수화물, 단백질, 염 등의 분산질이 산포되어 있는 상태이므로 수분활성도는 1보다 작다표 1-4. 분산질의 농도가 높을수록 수분활성도는 작아진다.

표 1-4 식품의 종류에 따른 수분활성도

식품의 종류	수분활성도
곡류, 두류	0.6~0.64
말린 과일	0.72~0.80
국수	0.50
식빵, 치즈	0.90~0.95
육류, 어패류, 달걀, 과일류, 채소류, 주스	0.95~0.99

수분활성도는 효소작용, 화학반응, 미생물의 증식 등에 영향을 미치므로 식품의 저장에 중요한 요인이 된다. 병원성 세균 대부분은 A_w 0.90 이상, 곰팡이는 A_w 0.70 이상에서 생육이 일어나므로 식품의 품질 보존을 위해서는 건조, 냉동, 당장이나 염장 등의 방법을 통해 수분활성을 0.6 이하로 낮추는 것이 좋다.

수분활성도는 대기의 상대습도에도 영향을 받는다. 식품 주위의 대기가 건조하여 습도가 낮으면 식품에 있는 수분이 증발하게 되고, 대기 습도가 높으면 식품은 수분을 흡수한다. 그러므로 식품의 수분활성도를 적절히 유지하고자 한다면 밀폐용기에 보관하는 등 적절한 보관방법을 고려해야 한다.

(3) 분산 형태

식품의 다양한 성분들은 함께 존재하는 물에 의해 분산된 상태로 존재한다. 천연식품이나 가공식품 등에서 두 가지 이상의 물질이 섞여 있는 분산 형태는 분산매(연속상)와 분산질(분산상)이 고체, 액체, 기체인지에 따라 매우 다양하지만, 분산 형태의 중요한 분류기준은 분산질의 크기이다. 분산질의 크기에 따라 진용액, 콜로이드, 현탁액으로 구분한다.

① 진용액

진용액true solution은 직경 1 nm 미만의 작은 분자나 이온 상태의 분산질이 액체인 분산매에 녹아 있는 것으로 설탕, 소금, 비타민 등이 물에 녹아 있는 것을 예로 들 수 있다. 진용액의 경우 분산질은 용질, 분산매는 용매라 부른다.

진용액의 조리적 특징은 다음과 같다.

- 끓는점 상승과 어는점 강하 : 물의 성질에서 기술한 특징으로, 농도가 높을수록 그 효과는 커진다.
- 삼투 현상 및 확산 : 진용액의 분산질은 크기가 작아 투과성 막인 세포벽은 통과하지만, 반투막인 세포막은 통과하지 못하므로 배추 절이기에서 볼 수 있는 것과 같이 삼투현상에 의해 탈수가 일어나며 확산에 의해 간이 배어들어 간다.
- 온도의 변화로 불포화용액, 포화용액, 과포화용액의 상호 전환 : 가열하여 포화용액을 만든 뒤 조심스럽게 냉각하면 과포화용액으로 바뀌며 이 원리를 이용하여 캔디를 제조한다.
- 증발 억제 : 소금이나 설탕은 증기압을 낮춰 수분 증발을 억제하는데, 그 예로 설탕을 많이 넣어 만든 케이크가 식빵보다 더디게 건조되는 것을 들 수 있다.

② 콜로이드(교질용액)

콜로이드colloid는 분산질의 직경이 1~100 nm 미만으로 진용액의 것보다 크고 현탁액보다 작아서 용해되거나 침전되지 않고 분산 상태로 존재한다. 콜로이드가 분리되지 않고 안정성을 유지하는 것은 분산질의 전하(반발력), 분산질의 친수성에 의한 수분 흡착으로 분산질이 합쳐지지 않아 분산 상태를 유지할 수 있기 때문이다. 콜로이드는 분산매, 분산질의 상태에 따라 다양한 형태를 나타내는데표 1-5, 이 중 유화와 거품은 앞서 '조리의 기초과학'에서 설명하였으므로 여기에서는 물에 의해 분산된 형태의 비교를 위해 용액의 상태를 보이는 졸을 중심으로 기술하고자 한다.

표 1-5 콜로이드의 형태와 예

형태	분산매	분산질	식품의 예
졸	액체	고체	우유, 사골국, 젤라틴 용액, 두유
젤	고체	액체	치즈, 달걀찜, 족편, 묵, 두부, 과일젤리
유화	액체	액체	마요네즈, 샐러드드레싱, 버터, 생크림
거품	액체	기체	난백 거품, 탄산음료, 맥주

알고 갑시다

소수성 콜로이드의 안정성

소수성 콜로이드는 수분을 흡착하지 않으므로 친수성 콜로이드보다 분산 상태를 유지하기 어렵다. 소수성 콜로이드는 조리과정에서 쉽게 덩어리지게 되는데 이때 소량의 친수성 콜로이드를 가하면 응고를 조금 방지할 수 있다. 토마토수프를 만들 때 우유보다는 화이트소스를 사용하여 덩어리지는 것을 막는 것이 그 예이다.

콜로이드의 조리적 특성은 다음과 같다.

- 졸과 젤의 상태 : 액체 분산매 속에 고체의 분산질이 분산되어 유동성을 보유하고 있는 것을 졸sol이라 하며, 이것이 온도, pH, 염 등의 조건에 의해서 유동성을 잃고 약간의 탄성을 지닌 반고체 또는 고체 상태로 된 것을 젤gel이라 한다. 젤은 분산질이 연결된 망상구조 안에 분산매인 물이 갇힌 상태이며, 시간이 지나면서 망상구조 안의 물이 빠져나오기도 한다(이액현상syneresis). 우유, 사골국, 젤라틴용액 등을 졸의 예로 들 수 있으며 치즈, 족편, 젤라틴 젤리, 달걀찜 등이 젤의 예이다.

  젤의 종류에 따라서는 가열하면 졸로 되돌아가는 가역반응을 일으키는 것이 있는데 고깃국물이나 생선조림에서 생긴 젤라틴에서 이러한 현상을 볼 수 있다. 반면 졸로 되돌아갈 수 없는 비가역적 젤에는 치즈, 묵, 달걀찜, 두부 등이 있다.
- 흡착성 : 콜로이드의 분산질은 이물질을 흡착하는 성질이 있다. 이 성질을 조리에 이용한 예로는 짠 국에 달걀을 풀어 넣어 짠맛을 약화하는 경우나 생선을 우유에

담가 비린내를 없애는 것, 쌀뜨물에 담가 떫은맛을 없애는 것 등을 들 수 있다.

③ 현탁액(부유 상태)

현탁액suspension은 분산질의 직경이 100 nm 이상으로, 크기가 커서 물에 용해되지 않고 계속 젓거나 흔들어주지 않으면 중력에 의해 쉽게 가라앉는다. 전분이나 밀가루를 찬물에 풀어 놓은 것이 현탁액의 예가 되는데, 저어줄 때는 뿌옇게 부유된 상태이지만 멈추면 가라앉는 것을 볼 수 있다. 그러나 이것을 가열하면 분리되지 않는 풀의 형태가 되는데 이는 전분의 호화가 진행되면서 전분 분자가 작아져 콜로이드로 전환된 것이다.

단원정리

다음의 내용을 이해하셨나요?

1. 조리의 의의와 목적
2. 조리와 관련한 기초과학
   - 점성, 표면장력, 유화, 거품, 팽윤, 삼투, 확산, 탄성과 가소성, 용해도
3. 열 전달방법
   - 전도, 대류, 복사
4. 식품의 분산 형태와 특징
   - 진용액, 콜로이드, 현탁액

2

CHAPTER

조리방법

1. 기초조리 | 2. 생식조리 | 3. 가열조리

학습목표

- 기초조리의 종류 및 특징을 설명할 수 있다.
- 생식조리의 특징을 설명할 수 있다.
- 가열조리의 종류 및 특징을 설명할 수 있다.

조리란 식품에 대해 기초조리 조작 후 조미를 하고 비가열 또는 가열 과정을 거쳐 식품의 기호성, 소화성, 안전성, 저장성 등을 향상하는 과정이다.

1. 기초조리

기초조리는 구입한 식재료를 이용하여 음식을 만드는 과정에서 조미 및 가열 전에 주로 이루어지는 준비과정이다.

1) 계량

식품 재료의 분량이나 배합 비율, 또 조리시간이나 조리온도 등에 따라 음식의 맛이 결정된다. 맛있는 음식을 재현성 있게 조리하기 위해서는 조리법의 표준화가 필요하며, 계량은 정확한 조리를 위한 첫 단계이므로 적절한 계량 기구를 정확한 방법으로 사용하는 과학적 접근이 필요하다.

(1) 계량기구

① 부피

식품은 부피보다는 무게를 재는 것이 쉽고 정확하지만, 액체, 조미료 등은 편의상 부피로 계량하는 경우가 많다.

조리과정에서 식품의 부피를 측정하는 기구로 계량컵, 계량스푼이 주로 사용된다그림 2-1. 계량컵은 1 C(200 mL), 1/2 C, 1/3 C, 1/4 C이 한 세트이다. 1 C의 국제 표준량은 약 240 mL이지만 우리나라와 일본에서는 200 mL를 1 C으로 지정하고 있으므로 서양조리에서의 1 C의 부피를 계량할 때는 주의해야 한다. 계량스푼은 계량컵보다 작은 양을 계량할 때 사용되는데, 1큰술Table spoon(15 mL, 1 Ts), 1작은술tea spoon(5 mL, 1 ts),

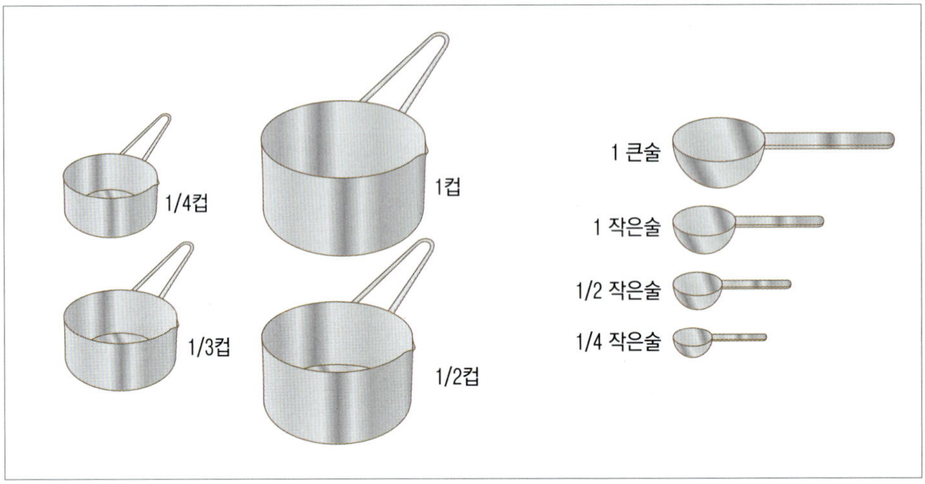

그림 2-1 계량컵 및 계량스푼

서양의 부피 계량 단위

1 C = 236.6 mL
= 8온스(oz)
= 1/2파인트(pt)
= 1/4 쿼트(qt)
= 1/16갤런(G)

1/2작은술, 1/4작은술이 한 세트로 사용된다.

재현성 있는 조리를 위해 레시피가 제시될 때 조미료는 계량스푼 단위로 그 사용량이 제시되는 경우가 많다. 그러므로 조리에서 많이 쓰이는 조미료에 대해 각 계량도구에 해당하는 중량을 알아두면 편리하다표 2-1.

표 2-1 여러 가지 조미료 및 가루 식품의 계량도구별 중량 (단위 : g)

식품 \ 계량도구	1 ts	1 Ts	1 C	식품 \ 계량도구	1 ts	1 Ts	1 C
물, 식초, 술	5	15	200	간장, 미림, 우유	6	17	230
고추장, 된장	6	18	240	설탕	3	9	120
소금	5	15	200	겨잣가루, 고춧가루	2	6	80
굵은소금	4	12	160	후춧가루	3	9	120
깨소금	3	9	120	밀가루	3	8	100
버터, 기름, 쇼트닝	4	13	180	전분가루	3	9	110

(계속)

식품 \ 계량도구	1 ts	1 Ts	1 C	식품 \ 계량도구	1 ts	1 Ts	1 C
마요네즈	5	14	190	베이킹파우더, 중조	3	8	100
토마토케찹	6	18	240	빵가루	1	3	40

② 무게

식품의 무게를 측정할 때는 저울을 사용하며, 종류로는 아날로그식 저울과 숫자가 바로 나타나는 디지털식 저울이 있다그림 2-2.

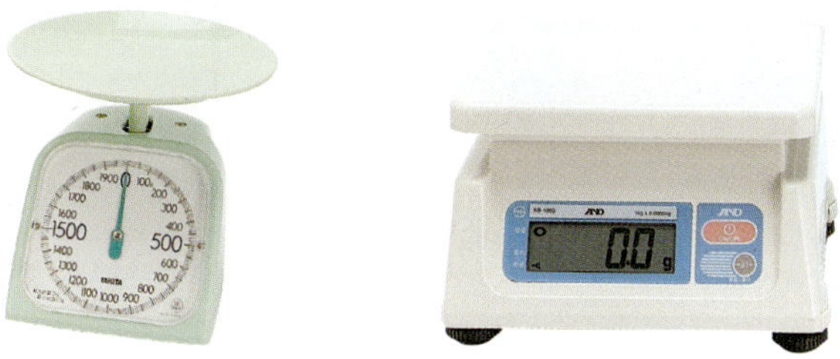

그림 2-2 저울의 종류

저울에는 측정 가능한 최대 무게와 최소 눈금이 있으므로 식품의 무게와 정확도에 따라 알맞은 것을 선택하여 사용해야 한다. 또한 저울을 사용할 때는 먼저 수평한 곳에서 영점이 맞는지 확인해야 하며, 사용 후에는 이물질을 깨끗이 닦아 오염에 의한 오차를 줄이도록 한다.

한국의 전통적인 무게 계량 단위
1근 : 육류 600 g, 채소 375 g
1관 : 3.75 kg

한편, 조리에서 식품의 부피나 무게를 정확히 측정하는 것이 중요하지만 해당하는 계량도구가 없거나 또는 단체급식의 배식과정처럼 시간상 저울을 사용하는 것이 불가능한 경우가 발생한다. 이때는 식품을 눈대중으로 계량하는 것이 필요하므로 자주 사용하는 식품 및 음식에 대해서는 다양한 형태에 따른 목측량을 익히는 것이 좋다.

③ 온도

가열조리, 발효 등에서 온도관리가 매우 중요하다. 온도 측정을 위해 사용되는 온도계는 그 원리에 따라 유리막대온도계(알코올온도계, 수은온도계), 바이메탈온도계(탐침온도계, 튀김온도계, 오븐온도계), 적외선온도계 등으로 구분된다그림 2-3. 유리막대온도계는 파손에 의한 위험성이 있어 식품 조리 중 사용에는 부적합하다. 탐침온도계는 식품의 내부 온도를 측정하므로 오염 방지를 위해 사용 전 70% 알코올로 소독한다. 적외선온도계는 비접촉식 표면온도계이므로 냉동식품의 온도 확인 등 식품 검수나 기타 취급 시 유용하게 사용된다.

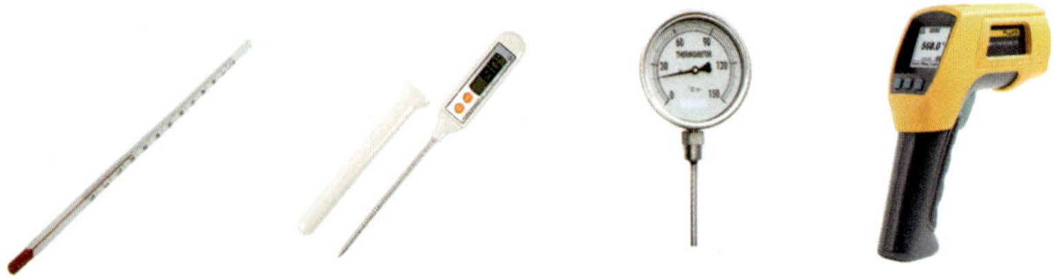

그림 2-3 온도계의 종류

④ 시간

조리시간을 측정하기 위해서는 타이머timer나 스톱워치stop watch를 사용하는데그림 2-4, 예정된 시간에 벨이 울리는 타이머를 이용하는 것이 더 편리하다. 오븐, 튀김기, 전자레인지 등 다양한 조리 기구에 타이머가 내장되어 있어 편리하게 조리시간을 조절할 수 있다.

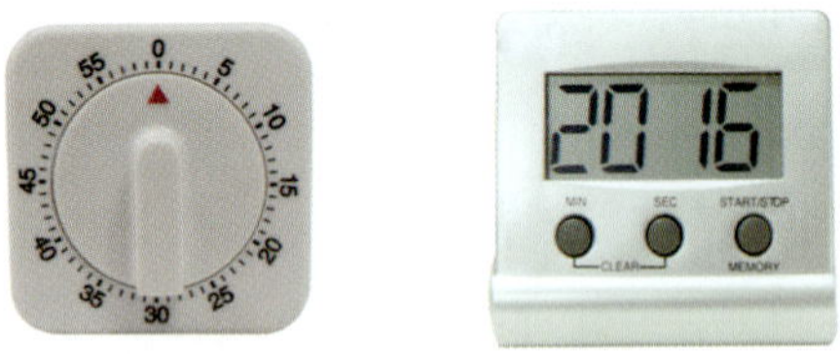

그림 2-4 타이머의 종류

⑤ 당도, 염도, 산도

맛과 조리의 완성도를 높이기 위해 필요한 경우 당도, 염도, 산도를 측정하기도 한다. 과일이나 잼 등의 당 농도를 측정하기 위해 당도계를, 소금 농도를 측정하기 위해

염도계를, 김치의 숙성 정도나 단백질의 등전점 확인 등을 위해 수소이온 농도를 측정하는 pH미터 또는 pH페이퍼를 사용한다그림 2-5.

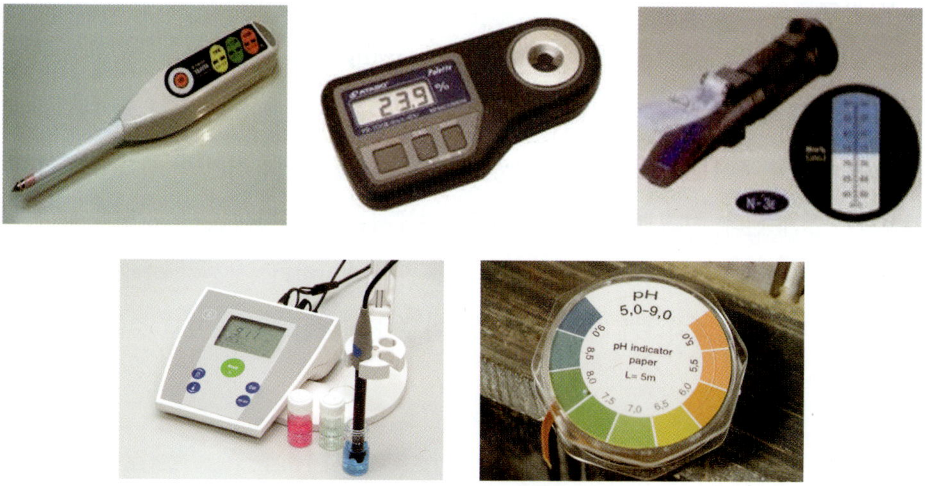

그림 2-5 염도계, 당도계, pH미터, pH페이퍼

(2) 식품별 부피 계량법

① 액체 식품

액체인 경우는 계량컵을 사용하여 쉽게 계량할 수 있다. 다만 주의해야 할 것은 눈금을 읽을 때 오차가 생길 수 있으므로 유리와 같이 투명한 용기는 수평 상태로 놓고 눈높이를 액체 표면meniscus의 밑선과 일치하여 읽도록 한다그림 2-6. 불투명한 계량컵을 이용할 때는 적절한 용량의 계량컵을 선택한 후 가득 담아 움직여도 흘러넘치지 않을 정도로 담는다. 특히 꿀이나 물엿과 같이 점성이 높은 끈끈한 식품은 눈금으로 나누어 표시된 것보다는 1/4 C, 1/3 C, 1/2 C 등 적당한 부피의 계량컵을 사용하고, 조리용

그림 2-6 액체 시료가 담긴 계량컵 읽는 법

그릇에 옮길 때도 부드러운 고무주걱으로 남김없이 잘 긁어 옮겨서 계량의 오차를 줄이는 것이 좋다.

② 밀가루

밀가루를 계량할 때는 무게를 재는 것이 정확하지만 계량컵이나 계량스푼을 사용해야 할 때는 체를 쳐서 측정한다. 밀가루는 입자가 미세하고 균일하지 않아 저장하는 동안 눌려 부피가 줄어들게 되는데 눌린 정도에 따라 측정된 계량컵 안의 밀가루의 양이 일정하지 않게 된다. 그러므로 오차를 줄이기 위해서는 계량 전에 체를 쳐 입자를 고르게 분산시킨 후 계량컵에 수북이 담고 수평으로 깎아 계량한다그림 2-7. 이때 컵을 흔들거나 치면 공기층이 빠져나가 더 많은 양의 밀가루가 계량될 수 있으므로 주의한다.

그림 2-7 밀가루 계량법

③ 설탕

백설탕을 계량할 때는 먼저 덩어리진 것을 모두 부수고 계량컵에 수북이 담은 뒤 수평으로 깎아 측정한다. 황설탕이나 흑설탕은 백설탕과 달리 표면에 시럽이 코팅되어 있어 입자끼리 서로 달라붙으므로 그냥 담으면 내부의 공백 크기에 따라 계량치가 달라질 수 있다. 그러므로 엎었을 때 컵이나 스푼의 모형이 나타나도록 꾹꾹 눌러 담은 뒤 수평으로 깎아 측정한다그림 2-8.

그림 2-8 흑설탕 계량법

④ 지방

버터나 마가린, 쇼트닝 같은 고체지방을 계량할 때는 부피보다 무게로 재는 것이 더욱 정확하고 간편하다. 그러나 부피를 재야 할 경우라면 눈금이 매겨진 계량컵보다는 1/2 C, 1/3 C, 1/4 C 등 적당한 크기의 계량컵을 선택하여 사용하는 것이 좋다. 지방을 계량할 때는 냉장고에서 바로 꺼내서 하는 것보다 실온에 방치하여 충분히 부드러워진 후에 계량컵에 빈 공간이 없도록 꾹꾹 눌러 담은 뒤 수평으로 깎아 측정하며, 조리용기에 옮길 때는 부드러운 주걱으로 잘 긁어 옮겨야 오차를 줄일 수 있다.

⑤ 고체식품

액체나 가루 식품, 부드러운 고체지방의 부피는 계량스푼이나 계량컵을 이용하지만, 단단한 고체식품인 경우는 불가능하므로 다른 방법을 적용한다. 물 속에 넣어도 부피의 변화가 없는 감자, 당근 등의 경우는 메스실린더에 일정량의 물을 넣고 식품을 넣은 뒤 증가한 만큼의 부피를 읽는다. 반면 빵과 같이 물에 젖는 식품은 좁쌀 같은 종자를 이용한 종실법을 활용한다그림 2-9. 즉, 그릇에 종자를 가득 채운 후 일부를 덜어내고 식품을 넣은 뒤 덜어낸 종자를 그릇에 다시 채우는데 이때 남아 있는 종실의 부피를 측정하면 식품의 부피가 된다.

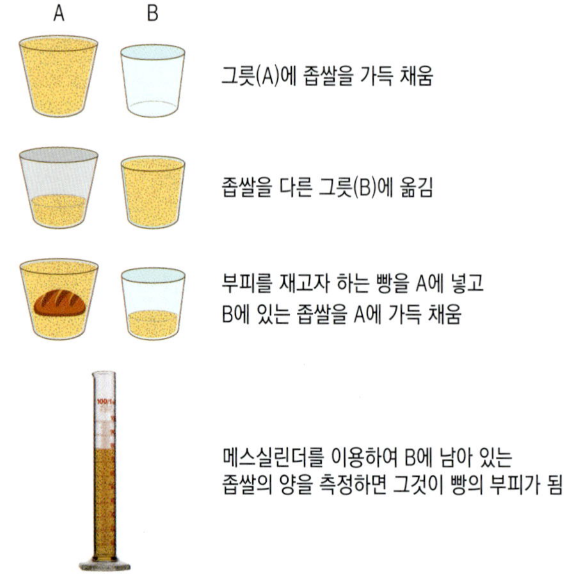

그림 2-9 종실법

2) 다듬기

다듬기는 식품 중 먹을 수 없는 부분을 제거하는 전처리과정으로, 다듬기를 통해 버려지는 부분을 계산한 폐기율을 고려하여 실제 조리 및 식사에 필요한 식재료 양을 구매해야 한다.

$$\text{폐기율}(\%) = \frac{\text{폐기되는 식품의 무게}}{\text{식품 전체의 무게}} \times 100$$

일반적으로 조개류의 껍질, 생선의 내장, 육류의 뼈 제거로 인해 이러한 식품은 비교적 폐기율이 높고 곡류는 낮다.

3) 씻기

씻기는 식품에 붙어 있는 불순물과 유해물, 나쁜 맛을 내는 성분을 제거하는 것이 그 목적이며 지나치게 씻으면 영양성분의 손실을 가져올 수 있으므로 주의한다.

오염물질을 효과적으로 제거하기 위해서 다음과 같은 사항에 유의한다.

- 흐르는 물에서 씻는 것이 효과적이다.
- 채소나 과일 같이 표면에 굴곡이 있는 식품은 0.2% 정도의 중성세제를 사용하여 요철 부분까지 세정되도록 한다. 단, 세제를 사용할 때는 저농도로 하여 단시간에 사용하고 깨끗이 헹궈 세제가 식품에 남아있지 않도록 주의한다.
- 사용 가능한 물의 양이 같을 때는 많은 양의 물로 한 번 씻는 것보다는 소량씩 나누어 여러 번 씻는 것이 효과적이다.
- 수용성 영양성분의 손실을 줄이기 위해 식품을 썰기 전에, 가급적 단시간에 씻는다.

한편, 씻기는 주로 식품 원재료를 처리하는 과정이기도 하지만 일부는 가열조리한 식품에 대해 맛과 외관 등을 좋게 하기 위해 이루어지기도 한다. 녹색채소를 데친 후 찬물로 씻으면 변색을 방지하고 여열에 의한 조직의 연화 진행을 막을 수 있으며, 국수를 삶은 후 찬물로 씻어내면 표면의 전분을 씻어냄으로써 서로 달라붙지 않으면서 여열에 의한 호화 진행을 막을 수 있다.

알고 갑시다

효과적인 어패류 씻기

어패류의 미끈거림은 물에 잘 제거되지 않으나 소금물에는 녹으므로 2~3%의 소금물을 사용하여 씻으면 쉽게 제거된다. 조갯살은 소쿠리에 담아 소금물에 흔들어 씻는다.

4) 담그기

담그기는 식품을 물이나 조미액에 담가두는 과정으로 다음과 같은 효과를 얻기 위해 행해진다.

(1) 수분 흡수

저장성을 높이기 위해 건조된 식품이나 자체의 수분 함량이 적은 식품은 가열하기 전에 수분을 흡수시켜야 팽윤되어 조직이 연화되고 열이 고르고 빠르게 전달될 수 있다. 흡수량은 흡수시간 및 흡수속도에 따라 다르며, 흡수속도는 식품의 종류, 건조 상태, 수온 등에 따라 달라진다. 예를 들어, 단단한 껍질로 둘러싸여 있는 현미보다 백미의 흡수속도가 빠르며, 같은 백미라도 물의 온도가 높으면 흡수속도는 더 빨라진다.

수분을 흡수하면 식품의 무게가 증가하는데, 증가한 무게를 기준으로 조미료의 필요량이 결정되므로 자주 사용하는 식품의 무게 증가량을 알아두는 것이 필요하다 표 2-2.

표 2-2 건조식품의 불린 후의 무게 증가 비율

건조식품	무게 증가 비율(배)	건조식품	무게 증가 비율(배)
미역	7~9	고사리	5~7
다시마	4~5	무말랭이	5~6
목이버섯	7~9	쌀	1.2~1.3
표고버섯	5~7	콩	2~3
마른국수	3	당면	6~7

식품을 물이나 조미액에 담그면 용액에 수용성 영양성분과 맛성분이 용출되므로 적당 시간 이상은 담가 놓지 않는 것이 좋으며, 담근 용액을 버리지 말고 이용하는 것이 좋다. 식품의 담그는 시간은 표고버섯은 20~30분, 콩은 수온에 따라 8~12시간, 해조류는 1시간 이내가 적당하다.

(2) 좋지 않은 식품 성분의 용출

식품에 함유된 불필요한 성분을 우려내기 위해 담그기를 하는데 우엉, 고사리 등의 쓴맛이나 떫은맛을 제거하는 경우, 고기의 핏물을 빼는 경우, 자반고등어와 같은 염장 식품의 과도한 염분을 제거하기 위해 1% 정도의 식염수에 담그는 경우 등이 해당한다. 그러나 이때도 너무 오래 담그면 식품 본래의 풍미가 없어질 수 있으므로 주의한다.

(3) 식품의 변색 방지

사과, 감자, 밤 등은 껍질을 벗기거나 잘라서 공기 중에 방치하면 갈색으로 변한다. 이것은 식품에 함유된 산화효소에 의하여 페놀계 기질이 산소와 반응하여 나타나는 갈변반응으로, 효소의 작용을 억제하거나 기질 성분과 산소의 접촉을 막으면 방지할 수 있다. 따라서 갈변이 일어나는 식품을 물에 담가 산소와 접촉을 피하거나 소금물, 식초 등에 담가 효소의 활성을 억제하면 변색이 방지된다.

(4) 기타

그 외에 양념에 재우기와 같이 필요한 조미성분을 침투시켜 맛이 배어들게 하기 위해, 피클 · 장아찌와 같이 보존성을 높이기 위해, 또 찬물에 채소를 담금으로써 아삭거림과 같이 물리적 성질을 향상하기 위해 담그기가 행해진다.

5) 썰기

썰기를 통해 얻는 효과는 다음과 같다.

- 배식용 부분이나 소화되기 어려운 부분을 제거한다.
- 식품의 표면적을 증가시켜 열전도 및 조미성분의 침투를 용이하게 한다.
- 식품을 먹기 좋은 크기나 모양으로 만들어 외관을 좋게 한다.

썰기를 통해 식품의 표면적이 증가하면 조리시간도 단축되고 소화율도 좋아지지만, 영양소의 손실 및 산화가 쉬워지므로 목적에 따라 적당한 크기를 결정해야 한다. 또 썰 때는 식품의 특성을 파악해야 하는데, 고기 같이 섬유의 방향이 있는 경우는 섬유의 방향과 직각으로 썰어야 연하게 느껴진다. 그러나 잡채용 고기처럼 채 썰기를 할 때는 가열 후 형태를 유지하기 위해 섬유의 방향과 평행으로 자르기도 한다.

6) 다지기, 갈기, 으깨기

다지기, 갈기, 으깨기는 썰기보다 더 작은 형태로 만드는 조리과정이며 다음과 같은 차이를 가지고 있다.

- 다지기chopping, mincing : 당근, 양파, 마늘, 고기 등을 일정한 크기의 아주 작은 조각으로 자르는 것
- 갈기grinding : 쌀, 말린 고추 등과 같이 수분함량이 비교적 적은 식품 재료를 믹서나 그라인더를 사용하여 분쇄하여 가루로 만드는 것
- 으깨기mashing : 삶은 감자나 두부 등과 같이 비교적 수분이 많은 부드러운 식품을 분쇄하는 것

이 조리조작은 썰기보다 더 작은 형태로 만들므로 더 넓은 표면적을 갖게 되어 소화율이 향상되고 조리시간은 단축되는 등의 효과가 있으나, 산화는 더 촉진되므로 주의해야 한다.

7) 압착, 여과

압착은 식품에 물리적인 힘을 가해서 식품의 조직을 파괴하는 것으로, 그 결과 고형물과 액체가 분리되는데 액체 중의 고형물을 걸러내는 것이 여과이다. 녹즙이나 과즙을 만드는 것, 두부의 물기를 짜는 것 등이 해당한다.

8) 섞기, 반죽하기

섞기는 두 가지 이상의 식품 재료를 균일하게 분산시키는 과정으로, 블렌더를 이용한 교반이나 젓기, 점탄성 있는 재료의 반죽을 포함한다. 조리에서 섞는 과정은 다음과 같은 효과를 보여준다.

- 음식의 균일화 : 식품 재료, 온도, 조미료 등
- 물리성의 개선 : 유화, 기포 형성, 점탄성 증가 등

그러나 단순히 섞어주는 과정도 주의하지 않으면 아래와 같이 얻고자 하는 목적과 다른 조리 결과가 나타날 수 있으므로 유의하여야 한다.

- 재료를 혼합할 때의 순서 : 밀가루를 반죽할 때 설탕을 물에 섞어 밀가루에 넣는 것과 밀가루에 물을 먼저 넣고 반죽한 뒤 설탕을 섞는 것이 글루텐의 형성 정도를 다르게 한다.
- 재료를 혼합할 때의 온도 : 퐁당fondant 제조 시 저어줄 때의 온도에 따라 결정의 크기가 달라진다.
- 젓는 횟수 및 속도 : 경단 반죽의 경우 많이 반죽할수록 질감이 연해지며, 퐁당을 만들 때 저어주는 속도에 따라 결정의 크기가 달라진다.

9) 냉각

냉각은 음식을 차게 하는 과정으로 주로 완성된 음식을 보관할 때에 행해진다. 냉각의 목적은 다음과 같다.

- 맛의 향상 : 음식 중 과일, 샐러드, 탄산음료 등은 차갑게 했을 때 맛이 좋아진다.
- 미생물의 번식 억제 : 음식의 온도를 낮게 유지함으로써 미생물의 번식을 억제하여 음식의 품질을 어느 기간 유지할 수 있다.
- 물성 변화 : 묵, 젤리 등을 만들기 위해서는 콜로이드의 졸sol 상태를 냉각해야만

젤gel화 하여 제품을 만들 수 있게 된다. 또 버터, 초콜릿도 냉각을 통해 제품의 모양을 유지하게 한다.

- 지나친 가열 방지 : 녹색채소를 데친 후 찬물에 담가 식혀 질감이 물러지지 않도록 하며, 국수를 삶은 후 찬물에 씻으면 전분의 호화 진행을 막을 수 있다.

식품의 온도를 낮출 때는 식품의 열을 가능한 한 빨리 빠져나가도록 해야 하는데, 식품 주위의 열전도율이 높고 식품과의 온도 차가 클 때, 또 식품의 표면적이 클수록 그 효과가 커진다. 그러므로 공기보다는 찬물이, 찬물보다는 얼음물에 담그는 것이, 또 식품의 크기가 작고 얇은 것이 냉각속도가 빠르다.

10) 냉동

냉동은 식품을 0℃ 이하로 냉각시켜 수분을 동결시킨 것으로, 미생물의 번식을 억제하고 식품 중의 효소작용이나 산화 등을 억제하여 품질 저하를 막으므로 식품보존법으로 널리 쓰이고 있다.

냉동할 때는 조직의 손상을 최소화하기 위해 급속히 동결하는 것이 좋다. −40℃ 이하에서 급속 동결을 하면 작은 크기의 얼음 결정이 형성되어 조직의 파괴가 적은 반면, 완만 동결은 얼음 결정의 크기가 커져 조직이 파괴되면서 해동 시 유출량drip이 많아져 냉동 전의 상태로 복원되기 어렵다. 또한 어는점 이하에서는 온도가 높을수록 얼음 결정의 성장이 빠르므로 냉동된 식품은 −18℃ 이하의 저온에서 보관하는 것이 좋다.

냉동할 때는 해동 시 편리하도록 1회 사용량씩 따로 포장하여 냉동하는 것이 편리하며 생선은 깨끗이 다듬은 후, 채소류는 데친 후 냉동한다. 냉동이 좋은 식품 보존방법이긴 하지만 단백질의 변성 등 조직의 변질이 일어나므로 너무 오래 냉동시키지 않도록 한다.

11) 해동

해동은 냉동 시 형성된 얼음 결정을 녹여 식품을 냉동 전의 상태로 복원시키는 과정으로, 해동을 거치면서 여러 가지 식품의 변화를 일으킨다. 특히 단백질의 변성 등 조직의 파괴로 액즙이 유출되어 정미성분과 그 밖의 여러 가지 성분이 손실될 수 있다.

식품의 종류에 따라 적절한 해동방법을 선택한다. 급속해동법은 반조리 또는 조리된 상태에서 냉동된 식품을 그대로 가열조리하거나 전자레인지를 이용하여 해동하는 방법이고, 완만해동은 냉장고나 찬물, 또는 실온의 서늘한 곳에서 천천히 해동하는 방법으로 어육류에 주로 이용된다. 해동할 때는 사용할 만큼만 해동하여 바로 조리에 이용해야 하며 다시 냉동하지 않도록 한다.

2. 생식조리

생식조리는 식품 자체가 지닌 색이나 향, 질감, 맛을 느끼기 위해 식품을 가열하지 않고 날것 그대로 이용하는 조리방법이다. 식물성 식품을 이용한 생채, 겉절이, 샐러드, 냉채와 동물성 식품을 이용한 생선회, 육회 등이 이에 속한다.

생식조리를 하면 영양성분, 특히 수용성 성분의 손실을 최소화할 수 있으며, 어류나 육류의 경우 가열처리한 것보다 소화율이 높다. 또 식품 고유의 맛을 이용할 수 있고 조리방법이 간단하지만, 가열에 의한 살균 처리를 거치지 않으므로 신선한 재료의 선택과 위생적 취급이 필수적이며 빨리 섭취하는 것이 좋다.

3. 가열조리

대부분의 식품 조리에 해당하는 가열조리는 물, 수증기를 매체로 열을 전달하는 습열조리와 공기 및 유지를 매체로 하여 열을 전달하는 건열조리, 또 외부의 열원이 아니라 식품 내부에서 발생한 열로 조리하는 극초단파조리microwave로 구분할 수 있다.

식품을 가열조리를 할 때 얻을 수 있는 효과는 다음과 같다.

- 소화 · 흡수율 증가 : 전분의 호화, 트립신저해제의 변성
- 안전성 증가 : 병원균, 기생충 등의 파괴
- 풍미의 증가 : 캐러멜화, 향기 성분의 생성
- 질감의 연화 : 식이섬유 연화
- 식품의 바람직하지 않은 변화 억제 : 산화효소의 불활성화
- 저장성 증가 : 부패균 및 산화효소의 불활성화

그러나 가열로 인해 영양성분이 파괴되기도 하며, 또한 지나친 가열은 향미나 질감의 품질이 떨어지므로 각 식품의 특성에 맞는 가열방법으로 적절하게 조리시간이 조절되어야 한다.

1) 습열조리

습열조리는 식품이 보유하고 있는 수분 외에 별도의 물을 첨가하여 가열하는 조리법으로 끓이기, 삶기(데치기), 찌기, 졸이기 등이 포함된다. 습열조리는 물을 열 전달매체로 이용하므로 온도가 100℃를 넘지 않아 건열조리에 비해 조리시간이 길긴 하지만 타지 않고 고르게 익을 수 있는 장점이 있다.

(1) 끓이기

끓이기는 100℃의 조미한 끓는 물에서 식품을 익히는 조리법으로, 조미성분을 충분히 식품으로 침투시킬 수 있고 또한 식품 재료의 맛성분을 우려낸다. 국, 찌개, 전골이 끓이기의 조리 예이며 서양조리의 보일링boiling에 해당한다.

끓이기는 골고루 익힐 수 있고 가열 도중에 조미할 수 있어 편리하며 영양성분이 우러나온 국물까지 먹으므로 영양소의 손실은 비교적 적다. 끓이기 과정 중 주의해야 할 점은 다음과 같다.

- 끓는 물로 인해 재료가 부서지기 쉬우므로 처음에는 센 불로 가열하다가 끓기 시작하면 중간불로 줄인다.
- 고깃국처럼 국물에 맛을 우려내기 위한 경우는 찬물에 고기를 넣고 끓이는 것이 좋다.
- 생선찌개는 생선 자체의 맛을 보유할 필요가 있으며 오래 끓이면 생선살이 으스러질 수 있으므로 끓는 상태일 때 생선을 넣는다.
- 식품 재료의 표면에 적당한 칼집을 내면 중심부까지 열 침투가 빨라져 조리시간이 단축된다.
- 식품 재료의 크기나 단단한 정도에 따라 가열순서를 조절하여 식품의 익는 정도를 비슷하게 한다.

알고 갑시다

서양의 다양한 끓이기 방법

서양조리에서는 물의 온도를 조절하면서 다양한 끓이기 방법이 사용되고 있다.

- 시머링simmering
  - 물을 끓는점 이하(90℃ 내외)에서 은근하게 끓이는 방법
  - 예 : 곰국, 스톡 끓이기, 뭉근하게 끓이기 등
- 포칭poaching
  - 70~80℃의 물에 재료를 담가 서서히 익히는 방법
  - 예 : 수란, 샤브샤브, 솔모르네 등

(2) 삶기, 데치기

삶기는 끓이기와 비슷한 조리법이지만 조미를 강하게 하지 않는 것이 차이점이며

삶는 목적은 조직의 연화, 좋지 않은 맛성분의 제거, 단백질 응고 및 지방의 제거 등이다. 죽순 같은 단단한 채소나 국수, 감자 등의 삶기, 편육 등을 예로 들 수 있다. 데치기도 삶기와 비슷한 방법이긴 하나 삶기보다 짧은 시간 가열하며, 채소의 냉동 저장이나 건조 전 효소 불활성화를 위해 전처리과정으로 주로 사용한다. 서양조리의 블랜칭blanching에 해당한다.

끓이기와 달리 삶은 후에는 대부분 국물을 이용하지 않으므로 수용성 영양성분의 손실을 가져오며 손실 정도는 삶을 때의 물의 양, 가열 온도 및 시간, 알칼리 등에 의해 달라지므로 주의해야 한다. 영양소의 손실을 줄이려면 껍질채 삶거나 물의 양을 적게 하는 것이 좋다. 그러나 물의 양이 적어지면 색소에는 안 좋은 영향을 줄 수 있는데 삶을 때 식품의 변색은 음식의 기호도를 저하시킬 수 있으므로 물의 양을 잘 조절해야 한다. 특히 녹색채소의 경우 클로로필chlorophyll이 유기산에 의해 녹황색의 페오피틴pheophytin으로 변하므로 이를 방지하기 위해서는 물의 양을 너무 적지 않게 하고, 삶을 때 뚜껑을 열어 식품에서 나오는 유기산을 휘발시키는 것이 좋으며 또 소금을 넣어 녹색을 유지하기도 한다.

삶을 때 첨가하는 물질에 따라 다음과 같은 효과를 볼 수 있으므로 적절히 사용하는 것이 필요하다.

- 소금 : 녹색채소에 1~2%의 소금을 넣어 삶으면 클로로필의 마그네슘이온Mg^{2+}이 나트륨이온Na^{+}과 치환되어 녹색을 유지한다.
- 식초 : 식초를 첨가하여 삶으면 연근, 우엉 등의 플라보노이드 색소는 흰색을 띠게 되며, 녹색채소는 페오피틴을 형성하여 녹황색으로 변색한다. 산은 채소의 질감을 단단하게 유지한다.
- 중조 : 중조는 알칼리성 물질로 플라보노이드 색소를 황색으로 변색시키고, 녹색채소는 클로로필린을 형성하여 녹색을 유지한다. 과량 사용 시 채소의 질감은 물러지고 수용성 비타민의 파괴를 가져오므로 주의한다.
- 쌀뜨물 : 무를 쌀뜨물에 삶으면 전분 입자가 식품 재료를 둘러싸면서 좋지 않은 맛성분을 흡착하는 효과를 가져온다. 또 산소와의 접촉을 차단하여 산화를 방지하

므로 죽순과 우엉의 경우에는 갈변을 방지할 수 있다.

알고 갑시다

국수를 맛있게 삶는 방법

국수를 삶을 때는 6~7배 정도의 많은 물을 이용하는 것이 좋다. 물이 적으면 면을 넣었을 때 온도 저하가 크게 일어나고 면의 표면에 있는 전분이 녹아 나와 물의 점도가 커지면서 균일하게 데쳐낼 수가 없기 때문이다. 또 면이 불지 않기 위해서 도중에 찬물을 넣어주는 것이 좋다.

(3) 찌기

찌기는 수증기의 기화열을 이용하여 식품을 가열하는 방법으로 떡, 만두, 감자류, 달걀, 생선, 육류 등 다양한 식품에 이용된다. 서양조리의 스티밍steaming에 해당한다.

찌기는 다음과 같은 특징을 나타낸다.

- 식품의 모양 유지 : 열의 전달매체가 증기이므로 물의 대류에 의한 모양의 파괴를 줄일 수 있다.
- 수용성 영양성분의 보유 : 물을 많이 첨가하는 조리법이 아니므로 식품이 지닌 맛 성분이나 수용성 영양성분의 손실이 적다.
- 간접 가열 : 찜기의 물이 식품 재료와 직접 닿지 않는 간접가열이므로 상압에서는 끓이기에 비해 시간이 오래 걸린다. 그러나 액체 식품의 경우라도 용기를 사용하여 찔 수 있어 편리하다.

찔 때 주의해야 할 사항은 다음과 같다.

- 조리 도중에 조미하기가 어려우므로 가열 전에 조미하지 않으면 끓이기에 비해 양념이 속까지 배지 않을 수 있다.
- 찜틀 밑 용량의 70~80% 정도 물을 넣는 것이 적당하다.
- 낮은 온도부터 식품을 넣으면 식품 표면에 수증기의 응축으로 생긴 수분이 흡수

되어 식품의 질감이 나빠지므로 증기가 올라올 때 식품을 넣는 것이 좋다.

- 찌는 도중 뚜껑을 자주 열면 수증기가 액화하고 온도가 낮아져 잘 쪄지지 않는다.
- 압력밥솥을 이용할 경우는 고압으로 인해 120℃ 정도까지 가열이 가능하므로 조리시간을 단축할 수 있다. 그러나 가열 후 압력을 내릴 때까지 조리가 진행되므로 조리시간이 짧게 걸리는 엽채류보다는 장시간 조리를 해야 하는 근채류, 육류 등이 적당하다.

(4) 조리기

조리기는 양념을 넣고 처음에는 센 불로 가열하다가 끓기 시작하면 불을 줄여 국물이 줄어들도록 오랫동안 은근하게 가열하는 조리방법으로, 생선조림이나 장조림, 콩조림 등이 그 예이다.

재료가 익기 전에 양념을 강하게 하면 삼투압으로 인해 식품 재료의 수분이 빠져나와 질감이 단단해진다. 그러므로 장조림이나 콩조림을 할 때 처음부터 간장이나 설탕을 한꺼번에 넣고 끓이는 것보다는 2~3번으로 나누어 넣는 것이 좋다.

2) 건열조리

건열조리는 열의 전달매체로 물이 아닌 유지나 공기를 이용하여 가열하는 방법으로 습열조리에 비해 높은 온도를 이용할 수 있다. 굽기, 볶기, 튀기기, 부치기 등이 이에 해당한다.

(1) 굽기

굽기는 가장 오래된 가열조리법으로, 수용성 성분의 용출이 적고 200℃ 이상의 고온을 이용하여 식품 표면이 빨리 익으면서 액즙의 유출을 막아 식품 고유의 맛을 살릴 수 있는 조리방법이다. 또한 마이얄반응maillard reaction, 캐러멜화caramelization와 지방의 용출로 향과 색이 좋아진다. 불고기, 너비아니 등이 대표적인 음식이며 서양조리방법인 그릴링grilling, 브로일링broiling, 로스팅roasting, 베이킹baking 등에 해당한다.

굽기의 종류는 직접구이, 간접구이, 이 둘의 혼합방식인 오븐구이로 구분할 수 있다. 직접구이는 열원에서 복사열에 의해 식품을 직접 가열하는 방법으로 석쇠구이, 꼬치구이 등이 해당하며, 간접구이는 조리도구를 사용한 전도에 의한 가열방법으로 철판구이, 알루미늄 포장 구이 등이 해당한다.

- **그릴링** : 열원이 아래 쪽에 있는 직접구이
- **브로일링** : 열원이 위 쪽에 있는 직접구이
- **팬브로일링** : 팬 위에 뚜껑을 덮지 않고 가열하는 간접구이
- **로스팅** : 육류, 가금류, 구근 채소 등을 오븐에서 굽는 것
- **베이킹** : 과일, 채소, 빵류 · 과자류를 오븐에서 굽는 것

굽기과정 중에 주의할 사항은 다음과 같다.

- 식품의 표면은 높은 열에 접하고 있어 타기 쉬운 반면, 내부는 열전도율이 낮기 때문에 전도에 의한 가열속도가 느리므로 온도를 잘 조절하여 타지 않고 내부가 잘 익도록 한다.
- 가열온도가 너무 낮으면 수분 증발로 식품 표면이 마르고 내부는 익지 않아 액즙이 손실되면서 맛과 영양소가 감소할 수 있다.
- 재료가 익기 전에 뒤집거나 여러 번 자주 뒤집으면 모양을 유지하기가 어렵다.
- 고기, 생선은 맛 성분의 손실을 줄이기 위해 강한 불에서 굽기 시작하는 것이 좋지만, 고구마와 같이 전분 함량이 많은 식품은 약한 불에서 굽는 것이 단맛이 강해진다.
- 생선은 껍질 쪽을 먼저 구워야 살 쪽에서 흘러나오는 성분이 밖으로 유출되는 것을 막아 지저분해지지 않는다.
- 재료에 옷을 입혀서 구울 때는 처음에는 중간불에서 굽다가 불을 약하게 하여 속까지 고르게 익히며, 양념을 발라 구울 때는 먼저 참기름과 간장으로 만든 양념을 발라 애벌로 구워낸 후, 다시 양념을 바르고 양념이 익을 정도로 살짝 익혀내야 양념이 타지 않으면서 적당히 익혀진다.

(2) 볶기

볶기는 냄비나 팬을 달군 후에 소량의 기름을 넣고 뜨거워지면 식품을 넣고 저으면

서 조리하는 것으로, 굽기와 튀기기의 특징을 모두 보유한 조리법이다. 서양조리의 소테잉sauteing, 스터프라잉stir frying에 해당한다. 물을 사용하지 않아 수용성 성분의 용출이 적고, 대신 기름의 사용으로 지용성 영양성분의 흡수율이 높아지며 기름의 향미가 더해진다. 고온에서 단시간 가열되므로 비타민 파괴가 적고, 식품 고유의 색과 향을 유지할 수 있다.

볶기과정 중 주의해야 할 사항은 다음과 같다.

- 냄비와 기름을 달군 후 재료를 넣으며 강한 화력을 유지하는 것이 좋다.
- 식품 재료의 균일한 온도 유지를 위해서 자주 교반을 해줘야 하므로 재료의 양은 사용 용기의 반을 넘지 않도록 한다.
- 교반에 의한 열 전달이 효과적으로 이루어지려면 식품 재료는 적당한 크기로 썰어서 사용한다.
- 가열도구는 온도 변화가 적은 철제의 두꺼운 냄비가 적당하다.
- 볶는 도중에 조미할 수 있으나 식품 표면에 기름이 코팅되어 있으므로 조미성분이 식품 속으로 침투하기 어렵다.

(3) 튀기기

튀기기는 다량의 기름을 열 전달매체로 사용하여 고온에서 가열하는 조리법으로, 식품 중의 수분이 증발하고 대신 기름이 흡수되는 물과 기름의 교환반응이 일어난다. 서양조리의 딥프라잉deep frying에 해당한다.

튀기기는 식품의 맛성분에 기름의 풍미가 첨가되어 맛과 질감이 좋아지며, 150~200℃ 정도의 고온을 이용할 수 있으므로 조리시간을 단축할 수 있어 영양소의 파괴가 적고 수용성 비타민의 손실을 최소화할 수 있다. 튀기기 중에는 조미할 수 없으므로 가열 전·후에 조미한다. 튀길 때는 식품 그대로 튀기거나 튀김옷을 입혀서 튀기는데 이 방법의 차이는 표 2-3과 같다.

표 2-3　튀김방법에 따른 비교

	그대로 튀기기	튀김옷 입혀 튀기기
목적	• 탈수와 풍미의 향상 • 좋지 않은 냄새 제거	• 재료의 수분 보유 • 재료의 맛성분 보유
특징	• 수분 증발 및 식품에 흡수되는 기름의 양이 많음 • 호화가 불충분할 수 있음	• 튀김옷 재료인 밀가루, 녹말, 빵가루, 달걀, 우유 등에 의한 풍미 부가
종류	포테이토칩	커틀릿, 크로켓, 채소튀김

튀기기과정 중 주의해야 할 사항은 다음과 같다.

- 기름의 비열(0.47 kcal/g · ℃)은 물의 절반 정도로 온도의 상승과 하락이 수월하여 조리 도중 온도의 조절이 어렵다.
- 각 식품 특성을 고려하여 적합한 온도로 튀겨야 바삭하고 고소하다. 너무 높은 온도에서 튀기면 내부가 익기 전에 표면이 타버리고, 너무 낮은 온도에서 튀기면 기름 흡수가 많아져 질감이 나빠진다.
- 식품의 종류에 따라 적정 튀김온도는 달라진다. 익은 재료를 사용하는 크로켓은 고온에서 단시간 가열하지만, 속까지 익혀야 하는 경우는 비교적 저온에서 튀기는 것이 좋다. 또한 단백질식품은 익히기 쉬워 비교적 고온에서 단시간 튀기지만 전분식품은 호화에 시간이 걸리므로 저온에서 시간을 두고 가열하는 것이 좋다표 2-4.

표 2-4　여러 가지 음식의 적정 튀김온도

음식명	적정 온도(℃)
크로켓	190
탕수육, 닭튀김	170~180
감자튀김, 연근튀김	150~160
생선, 어패류	180~190
감자칩	140~160

• 적당한 튀김 온도를 유지하기 위해서는 식품을 적당한 양으로 나누어 튀기는 것이 좋으며, 수분이 많고 표면적이 큰 식품은 급격한 탈수에 의해 기름의 온도가 갑자기 내려가므로 튀기기 전에 어느 정도 수분을 제거하는 것이 좋다.

알고 갑시다

튀김옷을 이용한 튀김기름의 온도 확인방법

튀김기름의 온도 확인은 온도계를 사용하는 것이 정확하지만 온도계가 없는 경우에는 튀김옷을 사용하여 알아볼 수 있다.

- 140~160℃ : 바닥에 가라앉았다가 떠오른다(A).
- 170~180℃ : 중간 정도 가라앉았다가 바로 위로 떠오른다(B).
- 190~200℃ : 표면에서 바로 흩어진다(C).

튀김옷이 가라앉았다 다시 떠오르는 것은 수분 증발로 비중이 작아졌기 때문이다.

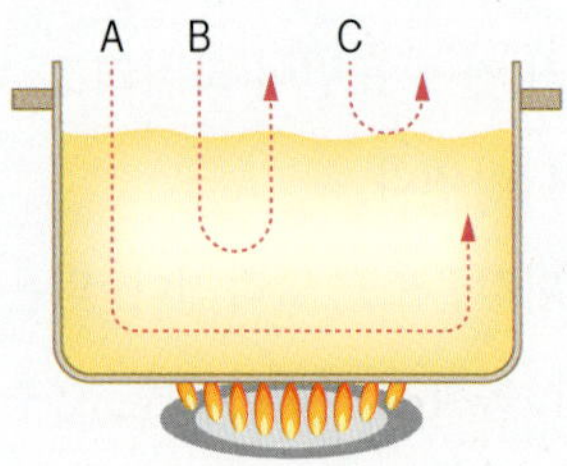

(4) 지지기

지지기는 넓고 얇은 팬에 약간의 기름을 사용하여 식품을 조리하는 방법으로 육류, 생선, 채소를 이용한 다양한 전이 그 예이다. 서양조리의 팬프라잉pan frying에 해당한다. 지지기는 재료를 그대로 지지는 방법과 밀가루와 달걀물, 빵가루 등을 입혀서 지지는 방법이 있다.

알고 갑시다

복합조리란?

복합조리란 습열조리와 건열조리가 함께 이루어지는 조리방법으로 브레이징과 스튜잉이 해당한다.

- **브레이징**braising
  덩어리가 크고 질긴 고기나 채소를 볶은 후 소량의 액체를 붓고 뚜껑을 덮어 푹 끓이는 방법
- **스튜잉**stewing
  브레이징보다 작게 썬 재료를 사용하며 재료가 잠길 정도로 액체를 넣고 끓이는 방법

3) 극초단파조리

극초단파조리는 전자레인지를 이용하여 이루어지는데, 마그네트론에서 발생한 전자파(2,450 MHz/sec)가 식품에 침투되면서 식품 중에 있는 수분의 진동을 유발(1초에 24억 5,000만 번)하여 생긴 마찰열로 식품을 가열하는 것이다. 즉, 극초단파조리는 외부로부터 열이 전달되는 것이 아니라 식품에 있는 모든 물 분자가 동시에 진동하여 열이 발생하는 방식으로 편의식품의 조리, 해동, 데우기 등 다양하게 활용되고 있다.

극초단파조리의 특징은 다음과 같다.

- 식품부터 뜨거워진다.
- 식품 내부와 외부가 거의 동시에 가열되므로 조리시간이 매우 짧다.
- 영양소 손실이 적다.
- 수분 증발이 많이 일어난다.
- 상차림할 그릇에 식품을 담은 채로 조리가 가능하다.
- 100℃ 정도의 온도에서 조리되므로 갈변이 일어나지 않는다.
- 전자파가 투과하는 용기는 사용할 수 있으나 이를 반사하는 성질이 있는 금속성 용기는 사용할 수 없다표 2-5.
- 기구의 크기 제한으로 1회 조리양이 제한된다.
- 화력 조절이 어려워 은근히 졸이는 음식은 어렵다.

표 2-5 극초단파조리와 용기

사용 가능 용기	사용 불가 용기
내열유리, 도자기, 나무, 종이, 내열 플라스틱(폴리프로필렌, 실리콘 수지 등)	금속, 금박 또는 은박 장식, 알루미늄 포일, 칠기, 열에 약한 플라스틱(폴리에틸렌, 비닐, 멜라민 등)

극초단파조리를 할 때 다음과 같은 사항에 유의해야 한다.

- 가열 시 수분의 증발이 일어나므로 잼 제조와 같이 수분 증발을 유도하는 조리를 제외하고는 뚜껑을 사용해야 하며, 이때 일부 수증기가 제거될 수 있도록 뚜껑을 조금 열어두는 것이 좋다.
- 햄버거와 같이 여러 가지 재료를 배합한 음식인 경우는 식품 재료의 열전도율이 다르기 때문에 데워지는 속도가 차이가 날 수 있으므로 주의해야 한다.
- 갈색을 내야 하는 음식이라면 먼저 오븐이나 팬에서 조리하여 표면을 갈변시킨 후에 전자레인지로 가열한다.
- 전자레인지 내 위치에 따라 전자파가 균일하게 조사되지 않기 때문에 식품을 회전시키는 것이 좋다.
- 극초단파가 식품에 침투되는 깊이는 2.5~5 cm 정도로 여기서 발생한 열이 전도에 의해서 전달되므로, 식품의 크기가 너무 크게 되면 중심부까지 열의 이동시간이 길어질 수 있다. 빠른 가열을 위해서 고체 식품은 크기를 작게 하거나 액체 식품은 얕고 넓은 용기를 사용하는 것이 효과적이다.
- 전자파가 인체에 닿지 않도록 전자레인지 작동 중에는 내부를 들여다보지 않도록 하고 2 m 이상 떨어져 있어야 한다.

알고 갑시다

전자레인지의 돌비 현상

전자레인지에서 물을 오래 가열한 후 커피나 라면 수프 등을 넣어줄 때 갑자기 끓어 올라 외부로 액체를 내뿜는 현상이다. 이는 과열 현상의 일종으로, 전자레인지에서 물을 오래 가열하면 100℃ 이상까지 온도가 올라가도 기포가 발생하지 않아 끓지 않게 되는데, 이때 끓는점 이상에서 이물질이 유입되면 촉매제 역할을 해 기포가 생기면서 물이 폭발적으로 솟구치게 되는 것이다. 화상을 입을 수 있으므로 주의해야 한다.

단원정리

다음의 내용을 이해하셨나요?

1. 기초조리의 종류와 특징
2. 생식조리의 특징
3. 습열조리의 종류와 특징
4. 건열조리의 종류와 특징
5. 극초단파조리의 특징

3

CHAPTER

당류와 전분

학습목표

- 당류의 분류를 설명할 수 있다.
- 감미료의 종류를 설명할 수 있다.
- 당의 조리원리를 설명할 수 있다.
- 전분의 종류와 구조를 설명할 수 있다.
- 전분의 조리원리를 설명할 수 있다.

물을 포함한 6대 영양소 중 탄수화물은 인체의 에너지원과 구성성분으로 사용되고 단당류, 이당류, 올리고당류 및 다당류로 분류된다. 단당류, 이당류, 올리고당류로 대표되는 당류는 감미, 보존, 갈색화, 결정화 등의 여러 가지 조리적 특성을 가지고 있고, 다당류인 전분은 주로 에너지원으로 사용되며 호화, 노화, 호정화, 당화 등의 특성을 나타낸다.

1. 당류

당류는 표 3-1과 같이 단당류와 이당류가 주로 단맛을 내며, 종류에 따라 감미도가 다르다.

표 3-1 당의 분류

분류	특징
단당류	포도당, 과당, 갈락토스 등
이당류	• 맥아당 = 포도당 + 포도당 • 설탕 = 포도당 + 과당 • 유당 = 포도당 + 갈락토스
올리고당류	• 적은 수의 단당류(3~10개)를 포함한 당 • 장내 비피더스균 증식 기능

천연감미료에는 설탕(서당, 자당)sucrose, 과당fructose, 포도당glucose, 꿀, 전화당, 조청 등이 있고, 대체감미료에는 당알코올, 아스파탐, 아세설팜칼륨, 스테비오사이드 stevioside, 수크랄로스sucralose, 사카린saccharin 등이 있다.

알고 갑시다

조청, 올리고당, 물엿의 단맛 비교

- 단맛의 세기 : 조청 < 올리고당 < 물엿
- 조청 : 멥쌀, 찹쌀, 수수, 조, 고구마 등의 전분을 엿기름으로 당화시켜 장시간 가열하여 농축시킨 것으로 단맛의 주성분은 맥아당이다.
- 올리고당 : 전분을 효소분해하거나 미생물 대사산물을 정제한 대체감미료로 난소화성이며 장내 비피더스균 증식 기능이 있다.
- 물엿 : 옥수수, 고구마, 감자, 밀 등의 전분질 원료를 산이나 효소로 가수분해하여 여과 농축한 액체 감미료로 올리고당이나 조청보다 강한 단맛으로 칼로리도 높다.

1) 당의 종류

(1) 설탕

환원당reducing sugar

카복실기로 산화될 수 있는 알데하이드 또는 케톤기를 가지고 있는 당으로 설탕을 제외한 단당류와 이당류가 이에 속하며 아미노산과 함께 마이얄반응의 기질이 됨

설탕은 단맛을 주는 기본물질로 식품으로 사용되는 설탕류는 사탕수수나 사탕무 등에서 추출한 당액 또는 원당을 정제한 것을 말한다. 당액이나 원당을 정제 및 가공한 것에 식품 또는 식품첨가물을 혼합한 것도 있다. 조리 시에는 다양한 음식에 단맛을 부여하거나 저장성을 높이기 위해 당절임 등에 사용되며, 잼과 젤리 및 캔디의 재료로도 사용된다.

(2) 포도당

포도당은 포도와 같은 과일에 많이 들어 있으며 설탕, 맥아당과 같은 이당류나 전분과 같은 다당류를 구성하는 기본 당으로 환원당이다.

(3) 과당

과당은 단맛을 가진 과일이나 꿀에 많이 함유되어 있으며, 전분을 당화시켜 얻은 포도당을 이성화하거나 설탕을 가수분해하여 얻은 당액을 가공한 것이다. 단당류로 단맛

이 가장 강하고 흡습성이 높아 일상에서 액체 상태로 존재하며 결정 형성이 어렵다.

(4) 전화당

전화당invert sugar은 설탕을 효소나 산으로 가수분해하면 생성되는 과당과 포도당의 동량 혼합물을 말한다. 과당으로 인해 결정화가 되지 않아 양갱, 케이크 등의 원료로 사용된다.

(5) 벌꿀류

벌꿀류는 꿀벌들이 꽃의 수액 등을 채집하여 벌집에 저장한 것 또는 이를 채밀한 것으로 벌집꿀, 벌꿀, 사양벌잡꿀, 사양벌꿀 등이 있다. 꽃의 종류에 따라 아카시아꿀, 유채꿀, 밤꿀, 메밀꿀 등으로 구분하기도 한다. 우리나라에서는 유밀과, 약식, 다식 등의 음식에 감미료로 사용된다.

- 벌집꿀 : 벌집 고유의 형태를 유지하고 있는 것으로, 꿀이 들어 있는 벌집의 전체 또는 일부를 봉한 것이나 여기에 벌꿀을 가한 것
- 벌꿀 : 벌집에 저장된 꿀을 채밀, 숙성시킨 것
- 사양벌집꿀 : 꿀벌을 설탕으로 사양한 후 채취한 벌집꿀 또는 이에 벌꿀이나 사양벌꿀을 가하여 벌집 고유의 형태를 유지하고 있는 것
- 사양벌꿀 : 꿀벌을 설탕으로 사양한 후 채밀, 숙성시킨 것을 말한다.

메이플 시럽
maple syrup
캐나다에서 주로 생산되며 단풍나무즙액을 추출하여 농축한 것

덱스트로스 당량
전분의 가수분해 정도를 가리키는 세계 공통의 지표로서 고형분 중의 직접 환원당(glucose로서)의 비율(%)

(6) 물엿

물엿은 전분당의 대표적인 제품으로 정제시럽이라고도 하며, 전분 또는 전분질 원료를 산이나 효소로 가수분해하여 여과 · 농축한 액체 감미료로 덱스트로스 당량dextrose equivalent, DE 20% 이상인 경우로 규격화되어 있다. 가수분해 정도는 덱스트로스 당량으로 나타내며, 물엿의 종류는 고분해형 물엿, 저분해형 물엿으로 구분된다. 물엿의 원료 전분으로는 옥수수, 고구마, 감자, 밀 등이 사용된다.

알고 갑시다

고과당 시럽high fructose corn syrup, HFCS

고분해형 물엿에 효소를 작용시켜 포도당의 일부를 과당으로 전환하여 과당 함량을 42~55%(HFCS 42~HFCS 55)가 되도록 만든 것으로, 단맛이 강하여 음료 제조 시 설탕 대신 사용된다.

(7) 조청

조청은 고구마, 멥쌀, 찹쌀, 수수, 조 등의 전분을 엿기름의 β-아밀레이스로 당화시켜 얻은 맥아당을 장시간 가열하여 농축시킨 것이다. 볶음, 조림 등에 사용하고 꿀의 대용으로 강정, 떡, 과자 등을 만들 때 사용한다.

알고 갑시다

대체 감미료

강한 단맛을 내고 열량이 없거나 낮기 때문에 다이어트 식품, 당뇨 환자용 식품 등의 제조 시 설탕의 대체제로 사용되고 있다. 인체에 대한 안전성 연구가 필요하므로 특성을 확인하고 사용하는 것이 좋다.

GRAS 물질generally recognized as safe substance
일반적으로 안전하다고 볼 수 있는 물질

당알코올

- 설탕의 약 0.4~1.0배의 감미도로 소르비톨, 만니톨, 자일리톨 등이 있음
- 단당류의 알데하이드기가 환원되어 생성됨
- 소르비톨sorbitol : 포도당에서 환원되고 비타민 C의 합성원료, 무가당 음료, 저열량 식품에 사용
- 만니톨mannitol : 마노스에서 환원된 건다시마 흰가루의 성분으로 당뇨병 환자의 대체감미료로 사용
- 자일리톨xylitol : 자일로스에서 환원되고 충치예방효과가 있어 껌, 아이스크림, 사탕 등에 사용

아스파탐aspartame

- 설탕의 약 180~200배의 단맛으로 페닐알라닌phenylalanine과 아스파트산aspartic acid의 아미노산 두 분자가 결합된 인공감미료
- 1981년부터 FDA에 의해 GRAS 물질로 인정되어 사용
- 가열하거나 산에 노출되면 단맛이 없어지므로 가열 후 첨가하고 베이커리 제품에는 사용이 어려움

(계속)

- 페닐알라닌 분해 효소가 결핍된 페닐케톤뇨증 환자는 섭취 불가
- 다이어트 음료, 비타민 등의 제품에 사용

아세설팜 칼륨acesulfame potassium

- 설탕의 약 130배 단맛으로 가열이나 냉각조건에 안정하지만 쓴맛이 있음
- 음료용 분말, 껌, 아이스크림, 해초가공품 등에 사용

스테비오사이드stevioside

- 남아메리카가 원산지인 스테비아의 잎에 함유된 감미물질
- 설탕의 약 300배의 단맛으로 약간의 떫은맛 함유
- 우리나라의 소주, 일본의 음료, 절임류, 간장, 케첩 등에 사용

수크랄로스sucralose

- 설탕의 약 600배의 단맛으로 설탕으로부터 제조됨
- 고온에 안정하여 베이커리 제품과 탄산음료, 주스, 잼, 가공유, 껌 등에 사용

사카린saccharin

- 설탕보다 약 300배 단맛으로 발암성 논란 때문에 일부 국가에서 사용 금지됨
- 최근 미국에서 유해하지 않다는 연구가 발표되면서 다시 주목 받음
- 사카린, 뉴슈가, 신화당 등의 제품으로 깍두기, 치킨무, 물김치에 사용
  뉴슈가 = 포도당 95% + 사카린 5%의 인공감미료
  신화당 = 포도당 70% + 사카린 30%의 인공감미료

2) 당의 조리원리

단맛의 강도

과당 > 전화당 > 자당(설탕) > 포도당 > 맥아당 > 갈락토스 > 젖당(유당)

당류는 조리 시 감미, 갈변반응, 용해, 결정 형성, 용융, 수분 흡수, 텍스처, 발효, 보존성 등과 같은 조리 특성을 나타낸다.

(1) 감미

당류는 구성당의 종류, 공존하는 다른 맛, 온도, 농도 등에 따라 단맛의 강도가 다르다. 동일한 온도와 농도에서 일정한 단맛을 가지는 설탕이 단맛의 기준이 된다. 당류의 상대적인 감미도는 표 3-2에 제시하였다. 일반적으로 단맛은 뜨거울 때보다 식었을 때 더 달게 느껴진다.

사이클라메이트
cyclamate
국내와 미국에서는 발암논란으로 사용이 허가되지 않은 성분 물질이지만 일부 국가에서는 사용

표 3-2 감미료의 종류에 따른 상대적 감미도

감미료	감미도	감미료	감미도
유당	0.2~0.4	사이클라메이트	30~50
맥아당	0.6	아스파탐	100~200
소비톨	0.5~0.6	아세설팜 칼륨	130~200
갈락토스	0.6	사카린	200~300
만니톨	0.4~0.7	스테비오사이드	300
자일로스	0.7	수크랄로스	600
포도당	0.7~0.8		
자일리톨	0.8~1.0		
설탕	1.0(감미 기준)		
전화당	1.3		
과당	1.2~1.7		

(2) 용해도

당은 탄소에 −OH기가 결합되어 있어 친수성을 나타내며, 온도가 높아지면 용해도가 높아진다. 이러한 용해도에 따라 용액은 불포화용액, 포화용액, 과포화용액으로 분류된다.

단맛이 강한 과당의 용해도가 가장 높고, 단맛이 가장 약한 유당의 용해도가 가장 낮아서 유당은 결정화되기 쉬우며, 유당이 많이 함유된 아이스크림은 결정화에 의한 모래 씹는 느낌을 주기도 한다.

(3) 결정화

결정화는 용액 내에서 용질의 용해도가 변하면서 결정이 생기는 것으로 이 원리를 이용하여 결정형 캔디를 만든다. 당의 종류, 용액의 농도, 온도, 첨가물, 용해도, 냉각 후 젓는 속도 등에 의해 영향을 받는다. 즉, 결정화는 당용액을 가열한 후 냉각하면 용액의 용해도가 떨어져 과포화용액이 되고 핵을 형성한 후 결정이 생기는 것이다. 결정의 크기는 급냉하거나 계속 저어주면 결정 성장이 억제되어 다수의 작은 결정이 석출되고, 서서히 젓거나 온도 차이가 적으면 큰 결정이 생긴다.

(4) 갈변현상

갈변은 효소적 갈변과 비효소적 갈변으로 나뉘며, 당의 갈변은 캐러멜화 또는 마이얄 반응이 주인 비효소적 갈변반응이다. 캐러멜화caramelization는 당만이 관여하며, 170℃ 이상의 고온에서 당을 가열할 때 당이 흑갈색의 캐러멜을 형성하는 갈변반응으로, 달고나와 캔디 및 캐러멜이 대표적인 예이다. 마이얄반응maillard reaction은 식품 내에 있는 당의 카보닐기와 아미노산의 아미노기가 반응하여 갈색 물질을 형성하는 갈변반응으로 '아미노-카보닐 반응'이라고도 하며, 빵 표면, 간장 등이 대표적인 예이다

알고 갑시다

달고나 만들기

설탕을 가열 · 용융시켜 캐러멜화를 일으키고 여기에 첨가된 소다는 이산화탄소와 탄산나트륨으로 열분해되며, 이때 이산화탄소는 설탕액을 부풀어 오르게 하고 탄산나트륨은 쌉싸름한 맛의 원인이 된다.

(5) 가수분해

이당류는 산, 효소, 가열에 의해 가수분해되어 단당류 2분자로 분해된다. 설탕을 전화효소invertase로 가수분해하면 포도당과 과당의 동량 혼합물인 전화당이 생성되며 캔디를 만들 때도 이러한 가수분해반응이 일어난다. 설탕은 비환원당이지만 전화당은 환원당이다. 꿀은 전화당의 일종으로 벌의 침 속에 있는 효소에 의해 수크로스가 분해된 산물이 존재한다.

(6) 흡습성

당류의 용해도와 관련이 있는 흡습성은 공기 중의 습기를 흡수하는 성질로 식품의 텍스처에 영향을 준다. 설탕이나 포도당에 비해 흡습성이 큰 과당은 상온에서 액체로

존재하며 꿀, 전화당, 고과당 시럽과 같이 과당 함량이 높은 당류는 흡습성이 크다. 흡습성이 높은 꿀을 케이크에 사용하면 촉촉함이 높아져 긍정적인 반면, 쿠키의 경우에는 눅눅함을 부여하여 부정적이다. 장마철에 보관 중인 설탕이 덩어리지는 것도 흡습성에 기인한 것이다.

(7) 기타 조리 특성

설탕을 비롯한 당은 다양한 식품에 부재료 또는 조미료로 사용되며 기타 특성은 다음과 같다.

- 설탕은 펙틴 젤을 형성하고, 한천 젤의 강도와 투명도를 높인다.
- 당장식품의 경우에는 식품의 수분 활성이 낮아져 미생물의 생육이 저해되어 저장성이 증가한다.
- 전분의 호화 상태를 유지시키고 노화를 지연시키다.
- 열에 의한 단백질의 응고를 지연시켜 제품이 단단해지는 것을 방지한다.
- 발효식품에서 이스트의 발효를 촉진한다.
- 난백의 기포 안정성을 증가시킨다.

3) 당류의 조리

(1) 캔디

① 결정형 캔디

결정형 캔디는 결정 크기가 작을수록 캔디 품질이 우수하며, 퐁당fondant, 퍼지fudge, 디비니티divinity 등이 있다. 결정형 캔디 조리 시에는 설탕용액을 가열하는 냄비 가장자리에 결정이 남아 있지 않게 용해시킨다. 설탕이 완전히 용해되면 퐁당은 114~117℃, 퍼지는 112~120℃, 디비니티는 122~127℃까지 가열하여 용액을 농축시킨다.

- 높은 온도에서 가열하면 결정이 작고 단단해지며 낮은 온도에서 가열하면 결정이

퐁당

퍼지

디비니티

크고 무른 질감을 낸다.

- 농축된 설탕 용액은 다른 용기에 옮겨 식힌 뒤 저어준다.
- 젓는 속도가 빨라지면 작은 결정이 형성되고 느리면 큰 결정이 형성된다.
- 높은 온도에서 저으면 핵의 생성이 쉽고 큰 결정이 형성되어 거친 질감을 낸다.
- 40℃까지 식은 뒤 저으면 핵이 생성되는 시간은 오래 걸리지만 핵의 양이 많고 미세한 결정이 형성된다.
- 달걀흰자, 시럽, 꿀, 우유, 타타르산염, 한천, 버터, 유기산 등은 결정의 성장을 방해하는 첨가물이다.

② 비결정형 캔디

비결정형 캔디는 가열에 의해 당이 캐러멜화에 사용되거나 효소, 산 등에 의해 당의 농도가 감소되면 결정이 형성되지 않아 만들어지며, 캐러멜, 브리틀, 태피, 토피 등이 있다. 결정 형성을 막기 위해 결정 형성 억제물질을 첨가하기도 한다.

- 캐러멜caramel : 설탕과 동량으로 많은 양의 시럽, 우유, 버터 등을 넣고 서서히 저어가며 118℃까지 가열한 다음에 냉각시켜 성형한다.
- 브리틀brittle : 설탕용액에 많은 양의 시럽을 넣고 고온에서 가열한 다음, 견과류와 베이킹소다를 넣어 가스를 발생시킨 후 일정한 틀에 붓고 재빨리 냉각시킨다.
- 태피taffy : 많은 양의 시럽과 산을 첨가하여 높은 온도에서 농축시킨 후 손으로 늘려 엿처럼 만든 것이다.
- 토피toffee : 캐러멜화한 설탕, 당밀, 버터, 밀가루 등을 섞어 만들며, 견과류나 건포

캐러멜

브리틀

태피

토피

도 등을 넣기도 한다.

(2) 설탕시럽

설탕과 물을 동량 붓고 약한 불에서 젓지 않고 가열하면 설탕이 용해되면서 묽은 당 용액이 만들어진다. 계속 가열하면 점도가 증가하여 적정 농도의 시럽이 된다.

(3) 기타

- 젤리 : 과즙의 산도를 조절하고 설탕을 넣어 가열하면 가열에 의해 용출된 펙틴질과 함께 젤리가 만들어진다.
- 잼 : 펙틴질과 과육이 포함된 용액의 산도를 조절하고 설탕을 넣어 가열하면 잼이 만들어진다.
- 설탕을 이용한 캐러멜화 반응의 조리 예 : 설탕용액을 115~120℃로 가열하여 색깔을 적당하게 한 다음 식품을 넣어 옷을 입히는 당의, 140~165℃로 가열한 설탕용액에 식품을 넣어 실이 일어나는 것처럼 만든 빠스 등

알고 갑시다

마시멜로marshmallow

허브 식물 마시멜로의 뿌리에서 추출한 당에 달걀흰자 등을 섞어 만들었다. 현재는 젤라틴을 물에 불린 뒤 중불에서 완전히 녹인 다음 설탕과 물엿을 넣고 가열한다. 여기에 달걀의 흰자를 거품 낸 머랭을 2~3회 나누어 넣고 잘 섞은 뒤 유산지를 깐 틀에 붓고 실온에서 굳혀 만든다.

2. 전분

전분은 엽록소를 가진 녹색식물이 광합성을 통해 만든 다당류로 포도당이 수백에서 수천 개 결합된 형태로 곡류, 두류, 서류 등의 식물체에 입자 형태로 저장되어 있다. 전분 입자의 모양, 크기, 물리 화학적 성질, 결정형은 식물의 종류에 따라 다르며 각각의 식품 가공 적성과 조리 특성도 다르다.

1) 전분의 종류

전분은 식물의 종류에 따라 구형, 타원형, 다면체 등 그 모양과 형태가 다르다. 전분 중 가장 큰 감자전분은 가열 호화되었을 때 팽윤력과 점도가 큰 반면, 멥쌀, 찹쌀 전분 입자는 크기가 작다.

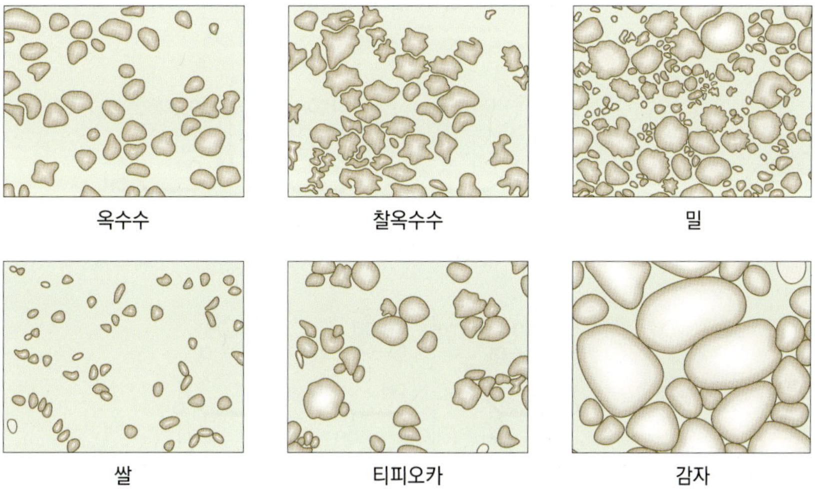

그림 3-1 전분 입자의 모양과 크기

알고 갑시다

전분의 종류

전분명	특징	용도
녹두전분	고급 전분	청포묵
칡전분	고급 전분	양식과 일식 조리 시 소스나 푸딩
감자전분	고급 전분	튀김옷, 탕수육 소스
동부전분	일반 전분(청포묵 대신 동부묵 유통)	동부묵
고구마전분	고구마전분 80%, 옥수수전분 20% 혼합 판매	튀김옷
옥수수전분	저렴하여 가장 많이 이용됨	짜장, 탕수육 소스

2) 전분의 구조

전분은 아밀로스amylose와 아밀로펙틴amylopectin으로 구성되어 있다. 아밀로스는 포

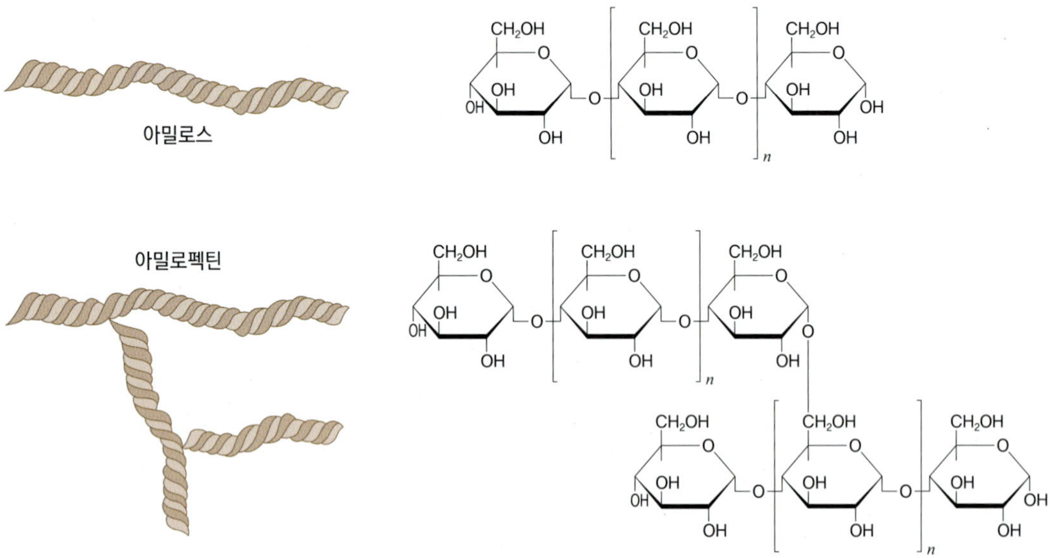

그림 3-2 아밀로스와 아밀로펙틴의 구조

도당이 α−1,4 글리코사이드 결합glycoside linkage으로 이루어진 직쇄의 긴 사슬 모양이며, 포도당은 6~8분자마다 한 번씩 회전하여 나선 구조를 이룬다. 아밀로펙틴은 α−1,4 및 α −1,6 글리코사이드 결합으로 이루어진 분지형이다.

일반적으로 쌀과 같은 전분의 아밀로스와 아밀로펙틴 함량은 2:8 정도이나 전분의 종류에 따라 차이가 있다. 찹쌀, 찰옥수수, 차조 등은 아밀로스를 거의 함유하고 있지 않거나 소량 함유하고 있다.

3) 전분의 조리원리

전분의 대표적인 조리적 특성은 호화, 노화, 젤화, 호정화, 당화 등이고, 전분은 물을 부으면 팽윤하는 가역적 반응과 물과 함께 가열하면 투명도와 점도가 증가하는 비가역적 반응을 거쳐 호화되며, 시간이 지나 냉각되면 젤화와 노화가 진행되어 결정형이나 그 구조가 달라진다.

(1) 전분의 호화

생전분(β전분)의 전분 입자에 물을 가하면 전분의 비결정 부분이 물을 흡수하여 가역적으로 팽윤한다. 이 단계는 가역적 반응이므로 건조하면 본래의 전분 입자 형태로 돌아갈 수 있다. 계속해서 팽윤된 전분에 물을 붓고 열을 가하면 물이 결정 부분까지 침투·흡수되어 결정 구조 내의 수소결합이 파괴되고 결정 구조가 비결정형으로 바뀌면서 반투명의 콜로이드 상태가 된다. 이와 같은 현상을 호화(α화)gelatinization라고 하며 이 반응은 비가역적이다. 호화된 전분(α 전분)은 투명도가 증가하고 용출된 아밀로스에 의해 점도도 증가하며 효소에 의해 쉽게 소화된다. 즉, 따뜻한 밥이 찬밥보다 소화가 용이하고 뜨거운 전분질 식품이 찬 전분질 식품보다 부드럽고 소화도 더 잘된다. 호화의 대표적인 예는 밥, 떡, 빵, 삶은 감자와 고구마, 탕수 소스 등이다.

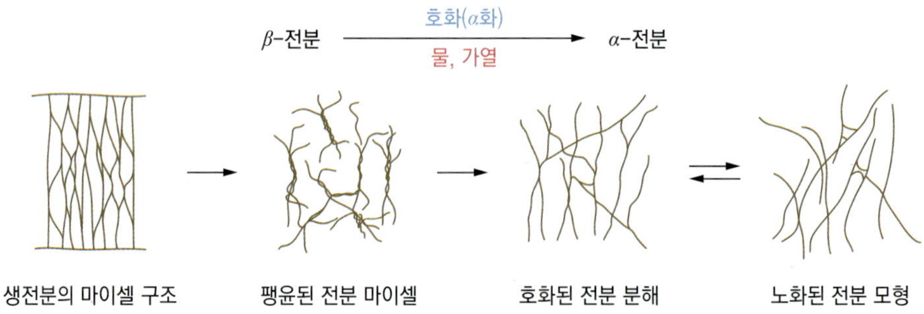

그림 3-3 호화와 노화에 의한 전분 입자의 변화

호화에 영향을 주는 요인은 전분의 종류, 수분 함량, 온도, 첨가물 등이 있다.

① 전분의 종류

전분의 호화는 곡류, 두류, 서류 등의 식물체 종류에 따른 전분 입자의 형태나 크기, 아밀로스와 아밀로펙틴의 함량, 전분 분자의 분지도, 결정성 등에 영향을 받는다. 감자와 같이 전분의 입자가 크면 저온에서 호화가 시작되어 90℃ 부근에서 투명도가 높은 졸sol이 된다. 반면, 전분 입자가 작으면 호화온도가 높아진다. 아밀로펙틴의 함량이 많은 찹쌀이 멥쌀보다 호화속도는 느리지만 호화가 된 상태에서는 안정된 구조를 좀 더 오래 유지한다. 아밀로스와 같은 직선상의 사슬이 많으면 호화온도가 상승한다.

② 수분 함량

전분이 호화되기 위해 필요한 수분은 많을수록 전분 입자가 쉽게 팽윤되어 호화가 빨리 진행된다.

③ 온도

충분한 물이 있을 때 대부분의 전분 호화온도는 56~75℃ 이상이며, 가열하는 온도가 높을수록 호화시간이 단축된다.

④ 산

전분에 산을 첨가하여 pH가 낮아진 상태에서 가열하면 호화 시 점도가 낮아진다. 따라서 산도가 높은 과즙을 넣은 애플파이 필링이나 전분드레싱을 만들 때에는 전분을 먼저 호화시킨 후 과즙을 첨가하는 것이 바람직하다.

⑤ 설탕

설탕은 친수성으로 전분의 수분 흡수와 경쟁하여 호화 시작온도를 높인다. 설탕 농도가 50% 이상이 되면 호화가 지연되고 투명도도 낮아진다.

⑥ 기타

지방이나 단백질도 전분 입자를 코팅하여 수분 흡수를 지연시키므로 팽윤과 호화를 방해한다. 무기염류는 일반적으로 호화를 촉진하나, 황산염은 호화를 억제시킨다.

(2) 전분의 노화

호화된 전분을 낮은 온도에 방치하면 전분 분자가 모이면서 인접한 분자끼리 수소결합을 하여 부분적으로 결정화되는데, 이를 β전분이라 하고 이러한 현상을 노화retrogradation라고 한다. 노화가 일어나면 전분 분자의 사슬끼리 서로 끄는 힘이 작용하여 전분 사슬과 결합되었던 물이 외부로 빠져나오는데, 이를 이액현상이라고 한다. 노화의 대표적인 예는 식은 밥, 굳은 떡과 빵 등이다. 전분의 노화는 전분의 종류, 수분, 온도, 첨가물질 등에 영향을 받는다.

① 전분의 종류

전분의 노화는 전분의 종류에 따라 다르며 입자가 작은 쌀, 옥수수 등은 노화되기 쉽고, 전분 입자가 큰 감자와 고구마는 노화가 어렵다. 또한 아밀로스와 아밀로펙틴의 함량에 의해서도 영향을 받는데 아밀로스 함량이 많은 전분은 노화되기 쉽고, 아밀로펙틴 함량이 많은 전분은 가지 형태의 구조를 가지고 있어 노화되기 어렵다. 따라서 찹쌀떡보다 멥쌀로 만든 떡이 빨리 굳는다.

② 수분

전분의 노화는 호화전분의 수분 함량이 30~60%일 때 가장 잘 일어나며 수분 함량이 15% 이하이거나 60% 이상이면 노화가 잘 일어나지 않는다. 예를 들어, 뻥튀기, 죽 등이 있다.

③ 온도

전분의 노화는 0~5℃의 냉장온도에서 가장 잘 일어난다. 따라서 노화를 지연시키기 위해서는 호화된 전분을 냉장고가 아닌 0℃ 미만에서 냉동하거나 60℃ 이상의 온장고에 저장한다. 떡을 냉장이 아닌 냉동을 한다거나 밥을 온장고에 보관하면 노화가 지연된다.

④ 첨가물질

- 알칼리를 첨가하면 노화가 억제되고, 산을 첨가하면 노화가 촉진된다.
- 무기염류는 일반적으로 노화를 억제하지만, 황산염은 노화를 촉진시킨다.
- 지방질, 유리지방산, 계면활성제는 전분의 아밀로스와 복합체를 형성하므로 노화를 지연시킨다.

(3) 전분의 젤화

전분가루에 물을 첨가하여 가열하면 전분은 호화되고, 이를 젓지 않은 상태로 냉각하면 호화 시 용출되었던 아밀로스 분자 사슬 간의 수소결합에 의해 입체적 망상 구조를 형성하여 내부에 물이 갇히게 되어 젤gel을 형성하는데, 이 현상을 젤화gelation라 한다. 대표적인 식품의 예는 도토리묵, 메밀묵, 청포묵 등이 있다.

아밀로스 함량이 높고 중합도가 큰 전분인 도토리, 녹두, 동부, 메밀 등은 젤이 잘 형성되고 이때 만들어진 젤은 단단한 탄성을 갖지만, 감자, 고구마의 전분은 젤화가 어렵다. 젤 형성은 아밀로스의 함량, 아밀로스의 중합도, 산・당・지방 등의 첨가물질에 영향을 받는다.

① 전분의 아밀로스 함량

아밀로펙틴으로만 이루어진 찰전분은 젤화가 잘 일어나지 않는다. 또한 쌀전분에 비해 아밀로스 함량이 높은 옥수수전분이 더 단단한 젤을 형성한다.

② 아밀로스의 사슬 길이

젤 매트릭스gel matrix를 형성하기에 용이한 아밀로스의 중합도가 높을수록 탄력있는 젤을 형성한다. 강낭콩 전분의 아밀로스 함량은 녹두전분보다 높으나 아밀로스의 중합도가 녹두전분보다 낮아 녹두전분이 더 탄력 있는 젤을 형성한다.

③ 첨가물질

- 산 : 전분을 가수분해하여 입체적 망상 구조인 젤 형성을 방해한다.
- 설탕 : 전분의 호화에 사용되어야 하는 수분을 흡수하여 젤 형성을 어렵게 하고 강도도 감소시킨다.
- 지방 : 가열과정에서 입체적 망상 구조를 만들지 못하여 젤화를 어렵게 한다.

(4) 전분의 호정화

전분에 물을 첨가하지 않고 160~170℃ 건열로 가열하면 전분 분자의 글리코사이드 결합이 끊어져 가용성의 덱스트린으로 분해된다. 전분이 가용성 덱스트린으로 변하는 과정을 전분의 호정화dextrinization라고 한다. 호정화된 전분이 물에 용해되면 호화된 전분과는 달리 점도가 낮다. 토스트의 표면, 미숫가루, 뻥튀기, 누룽지, 루roux, 보리차 등이 호정화의 대표적인 예이다.

루roux
서양식 조리에서 화이트 루, 블론드 루, 브라운 루를 만들어 사용함. 밀가루를 동량의 버터에 볶아 수프나 소스에 점성 및 색깔을 부여하는 것

(5) 전분의 당화

전분이 산이나 효소에 의해 단당류인 포도당, 이당류인 맥아당, 그리고 올리고당으로 가수분해되어 단맛이 증가하는 현상을 당화saccharification라고 한다. 생전분은 산이나 효소에 의해 분해되기 어렵지만, 호화전분은 쉽게 분해되어 당화된다. 전분의 가수분해 효소로는 α-아밀레이스와 β-아밀레이스가 있다표 3-3. 당화를 이용한 대표적인 식품에는 쌀의 전분 입자 일부를 엿기름에 존재하는 아밀레이스로 가수분해하여 당화

시킨 식혜가 있고, 그 외에 고추장, 물엿, 조청, 콘시럽 등이 있다.

표 3-3 전분의 가수분해 효소

효소명	최적 온도	최적 pH	특징
α-아밀레이스	60~65℃	4.7~6.9	• endo enzyme • 전분을 분해시켜 덱스트린, 포도당, 맥아당 등의 액상 분해물을 만들어 액화효소라고도 함 • 물엿, 양조용, 결정포도당 제조에 사용
β-아밀레이스	50℃	4.0~6.0	• exo enzyme • 맥아당을 생성하여 당도를 증가시키므로 당화효소라고도 함 • 식혜, 고추장 제조에 사용

4) 전분의 조리

전분은 조리시 식품의 주재료로 사용되는 것 외에 표 3-4의 내용을 보면 첨가물질로서 조리와 가공 공정에 다양하게 사용된다.

표 3-4 첨가물로서의 전분

첨가물명	특징
증점제	호화전분의 증가된 점도를 이용하여 걸쭉하게 하는 것 예 수프, 소스, 그레이비 등
젤 형성제	아밀로스 함량이 높고 적당한 중합도를 갖는 전분의 젤 형성 예 과편, 푸딩, 젤리
결착제	동물성 단백질 식품의 단백질 성분 가공 시 단백질 간의 결합이 약할 때 전분 첨가 예 소시지, 어묵, 게맛살
안정제	전분이 호화되면 점도가 증가하므로 호화 전분액을 가공식품 제조 시 안정제로 첨가
습윤제	전분은 수분을 보유하는 친수성 구조로 생전분이나 변성전분을 식품에 보습효과를 줄 때 사용
식용피막제	전분은 호화되면 점도가 증가하고 피막 형성 예 캡슐, 필름
지방대체제	무지방 또는 저지방 식품에 사용

알고 갑시다

변성전분modified starch이란?

전분을 물리적, 화학적 및 효소적 방법으로 새로운 성질을 갖도록 만들어 용도에 적합하게 이용하는 전분을 변성전분이라 한다. 변성전분의 종류로는 가교전분, 산화전분, α화전분 등이 있으며, 가교전분은 피자 · 스파게티 · 치즈, 산화전분은 마시멜로 · 추잉검, α화전분은 건조혼합제품에 사용된다.

단원정리

다음의 내용을 이해하셨나요?

1. 천연과 대체 감미료의 특징
2. 당과 조리
   - 감미
   - 결정형과 비결정형 캔디
   - 갈변반응
3. 전분의 구조
4. 전분의 조리원리
   - 전분의 호화
   - 전분의 노화
   - 전분의 젤화
   - 전분의 호정화

4

CHAPTER

쌀과 잡곡류, 서류

1. 쌀 | 2. 잡곡류 | 3. 서류

학습목표

- 쌀과 잡곡류, 서류의 영양적 특징을 설명할 수 있다.
- 쌀을 특징에 따라 분류하고 설명할 수 있다.
- 쌀, 잡곡류와 서류의 효과적인 조리방법을 이해하고 설명할 수 있다.

1. 쌀

한국인의 주식인 쌀은 보리, 밀, 옥수수 등과 함께 중요한 식량자원이다. 아시아 대부분의 국가에서는 쌀을 주식으로 하고 있기 때문에 세계 총생산량의 90% 이상이 우리나라를 비롯한 아시아에서 생산되고 있다.

쌀은 오랫동안 한국인의 중요한 영양급원이었지만 핵가족화와 식생활의 서구화 등으로 그 소비가 급격하게 줄어들고 있다. 그 예로 1940년대에 비해 개인 밥그릇의 크기는 1/3로 줄었고그림 4-1, 이에 따라 논 면적도 1990년에 비해 2017년에는 6.7% 감소하였다.

그림 4-1 연대별 밥그릇 크기 비교

1) 구조와 성분

벼는 왕겨로 둘러싸여 있고 그 내부는 겨, 배아 그리고 배유로 이루어져 있다그림 4-2. 구조상 가장 바깥에 왕겨가 있고 왕겨 안쪽에 층층이 있는 과피, 종피, 호분층을 겨층이라고 한다. 겨층은 셀룰로스cellulose와 헤미셀룰로스hemicellulose로 이루어진 세포벽으로 되어 있어 식이섬유와 무기질이 풍부하다. 과피 안쪽의 종피와 호분층을 쌀겨라 하는데 쌀겨(미강)에는 섬유질과 식물성 지방이 약 29% 함유되어 있다. 배유는 대부분이 탄수화물이며 그 외 약간의 단백질, 무기질, 비타민이 전체 영양분의 5% 정도를 차지하고 있다. 배아(쌀눈)에는 단백질, 지질, 무기질이 많이 들어 있으나 도정과정에서 대부분 제거된다. 도정은 겨를 제거하는 것을 말한다.

곡류의 영양가는 저장기간에 따라 달라지는 데 묵은 쌀은 햅쌀에 비해서 맛도 떨어지지만 비타민 등의 영양소 함량 또한 줄어든다. 곡류에 적당한 양의 물을 넣어 가열·조리하면 전분이 호화되어 소화가 잘되고 맛도 좋아진다.

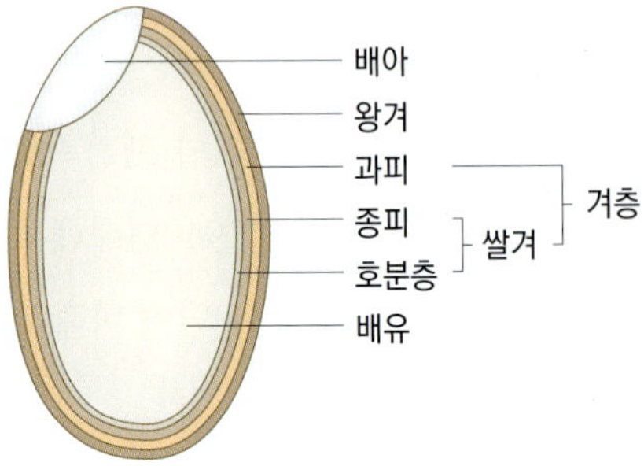

그림 4-2 쌀의 구조

(1) 탄수화물

쌀은 약 80%가 전분으로 우수한 탄수화물 식품이다. 쌀의 전분은 결합 형태에 따라 직쇄형(α −1,4결합)의 아밀로스와 분지형(α −1,6결합)의 아밀로펙틴으로 이루어진다.

(2) 단백질

쌀의 주 단백질은 오리제닌oryzenin으로 글루텔린glutelin에 속하며 그 외 알부민albumin과 글로불린globulin도 함유되어 있다. 쌀에는 라이신lysine, 트립토판tryptophan, 메싸이오닌methionine 등의 필수아미노산이 적게 함유되어 있지만 단백가는 78로 곡류 중에서 우수한 편이다.

$$단백가 = \frac{제한아미노산\ 양}{표준\ 단백질의\ 아미노산\ 양} \times 100$$

(3) 지질

쌀에는 약간의 지질이 있지만 도정 정도에 따라 지질의 함량이 다르다. 쌀의 지질은 불포화도가 높은 지방산으로 배아에 함유되어 있다. 햅쌀에 함유된 지질은 밥맛을 좋게 하고 밥의 윤기를 주지만, 쌀의 저장기간이 길어지면서 산패를 일으켜 쌀의 품질을 저하시킨다.

(4) 비타민과 무기질

쌀에 함유되어 있는 비타민으로는 싸이아민thiamine, 리보플라빈riboflavin, 나이아신niacin, 비타민 E 등이 있으며, 비타민 A와 비타민 C는 함유되어 있지 않다. 무기질은 인, 칼륨, 마그네슘 등이 풍부하고, 칼슘과 철은 부족하다.

(5) 식이섬유

쌀의 식이섬유는 도정을 많이 할수록 감소하여 현미에는 약 1~3%, 백미에는 약 1% 미만이 함유되어 있지만 밀가루와 비교하면 더 많은 양이다. 특히 현미는 식이섬유가 풍부하고 전분의 소화·흡수가 느리기 때문에 체내에서 혈당이 급격하게 상승하는 것을 막아주어 당뇨병 등의 성인병 예방에 도움이 된다.

알고 갑시다

쌀밥이 비만의 원인?

비만을 일으키는 것은 쌀 때문이 아니라 밥과 같이 먹는 기름진 음식들 때문이다. 우리나라에서는 비만율이 증가하면서 쌀 소비가 과거에 비해 줄고 있지만, 외국에서는 오히려 쌀밥 위주의 다이어트 식단에 주목하고 있다. 그러나 과도한 탄수화물의 섭취는 혈당을 높여 당뇨나 비만 등의 원인이 될 수 있으므로 주의한다.

2) 쌀의 종류

(1) 형태에 따른 분류

쌀은 벼의 품종에 따라 인디카형indica type, 자포니카형japonica type, 자바니카형javanica type으로 나뉘는데, 자바니카형은 인디카형과 비슷하기 때문에 일반적으로 자포니카형과 인디카형 두 가지로 구분한다. 인디카형은 전 세계 생산량의 대부분을 차지하는 것으로서 쌀알이 가늘고 긴 모양의 장립종이며, 세포막이 두꺼워 가열하는 동안 전분이 세포 내에 갇혀 있고 아밀로스 함량도 상대적으로 높기 때문에 찰기가 적다. 반면 우리나라와 일본에서 주로 이용하는 자포니카형은 쌀알이 둥글고 짧은 단립종이며, 세포막이 얇아 가열에 의해 세포막이 파괴되면서 전분이 세포 밖으로 나와 호화되기 때문에 찰기가 있다.

알고 갑시다

와일드 라이스, 이상한 쌀?

와일드 라이스는 쌀처럼 생겼지만 열매이다. 북아메리카가 원산지이고 선사시대 때부터 먹었다. 퀴노아, 병아리콩 등과 함께 슈퍼푸드에 속하는 것으로 필라프, 샐러드, 수프 등에 이용된다.

(2) 수분 함량에 따른 분류

쌀은 수분 함량에 따라 경질미와 연질미로 구분하는데 경질미는 수분이 적고 단단하여 저장성이 좋은 반면, 연질미는 약 15% 이상의 수분을 함유하고 있어 부드럽지만 변질되기 쉬운 단점이 있다.

(3) 도정에 따른 분류

쌀의 도정 정도를 나타내는 것으로 도정도와 도정률이 있다. 도정도는 현미에서 겨층을 벗긴 정도를 말하며, 도정률은 현미 무게에 대한 도정된 쌀의 무게 비율을 나타낸다. 수확한 벼를 건조, 탈곡한 후 기계를 통하여 왕겨를 벗기면 현미가 된다. 현미에서 겨와 배아의 무게가 약 8%인데 백미는 이것을 모두 제거한 것이므로 백미(10분도미)의 도정도는 100%, 도정률은 92%이다. 7분도미는 도정도 70%, 도정률 94%, 5분도미는 도정도 50%, 도정률 96%이다. 현미와 백미의 영양성분은 **표 4-1**과 같다.

표 4-1 현미와 백미의 영양성분 비교

(가식부 100 g 기준)

	에너지 (kcal)	수분 (g)	단백질 (g)	지질 (g)	회분 (g)	탄수화물 (g)	비타민 B_1(mg)	니아신 (mg)
현미	357	13.3	7.33	2.23	1.25	75.92	0.286	1.501
백미	366	13.0	6.81	1.05	0.40	78.74	0.099	1.059

출처: 농촌진흥청 국립식량과학원, 국가표준식품성분 DB 10.3(2025)

(4) 전분 종류의 함량에 따른 분류

쌀을 구성하는 전분에는 아밀로스와 아밀로펙틴이 있는데 아밀로스와 아밀로펙틴의 함량에 따라 멥쌀과 찹쌀로 구분한다. 멥쌀에는 아밀로스가 약 20~25%, 아밀로펙틴이 약 80~75% 들어 있으며, 찹쌀에는 아밀로펙틴이 100% 들어 있어서 찰기가 있다.

(5) 기능성에 따른 분류

쌀에 기능성을 첨가하여 다양하게 개발되고 있는데 그 예로는 카로텐carotene을 표면에 코팅하여 항암효과가 있는 카로텐쌀, 혈액순환에 효과가 있는 홍국을 이용한 홍국쌀, 칼슘과 철을 첨가해 코팅한 칼슘·철 강화쌀, 알칼리 이온수로 씻어 위생적으로 포장한 씻어 나온 쌀, 농약과 제초제를 사용하지 않은 친환경쌀, 체내 혈당량을 감소시키고 비만 억제에 효과가 있는 다이어트쌀 등이 있다. 그 외에도 현미를 특수한 방법으로 도정하여 배아를 남긴 배아미가 있다.

3) 쌀의 조리원리

(1) 밥

① 밥 짓기

쌀 씻기 밥을 하기 전에 쌀 씻기를 통하여 먼지 등의 불순물을 제거하는데 이 과정에서 약 10% 정도의 수분이 쌀에 흡수된다. 처음 씻은 물에는 불순물이 많이 존재하기 때문에 그 물이 쌀에 흡수되면 밥맛이 떨어진다. 따라서 처음 쌀을 씻을 때는 재빨리 씻고 물을 버린다. 또 쌀눈에 있는 단백질, 비타민, 무기질 등은 씻는 과정에서 일부 소실되기 때문에 너무 힘을 주어 씻지 않도록 한다. 수용성인 싸이아민은 쌀을 씻을 때의 소요시간과 방법에 따라 20~50% 손실이 일어난다. 쌀은 충분한 양의 물로 3번 정도 물을 갈아가면서 씻는 것이 밥맛을 좋게 하고 영양 손실도 줄일 수 있다.

불리기 씻은 쌀을 일정 시간 동안 불리면 물이 쌀에 흡수되어 밥을 지을 때 열이 고르게 전달된다. 따라서 전분의 호화가 빠르고 균일하게 이루어지기 때문에 맛이 좋은 밥이 된다. 불린 쌀은 20~30%의 물을 흡수하며 물의 흡수속도는 현미 겨층의 유무, 겨층의 두께와 수온에 따라 달라지는데 여름에는 30분, 겨울에는 90분 정도 불리는 것이 좋다. 햅쌀은 수분 함량이 많기 때문에 불리지 않아도 되지만, 현미는 반나절 이상 물에 담가 두는 것이 좋다.

물 넣기 밥을 지을 때 물의 양은 쌀의 품종, 건조 상태, 쌀의 양, 열원과 용기의 종류에 따라 다르지만 밥을 하는 동안 10~15%의 물이 증발하기 때문에 쌀 무게의 1.4~1.5배, 쌀 부피의 1.1~1.2배의 물을 넣는 것이 적당하다. 그러나 햅쌀은 부피 기준 동량의 물을, 묵은 쌀은 조금 더 많은 1.3~1.4배의 물을, 현미는 백미보다 많은 1.5배의 물을 붓는다. 찹쌀은 멥쌀에 비해 전분의 양이 적기 때문에 0.9배의 물이 적당하며 맛있는 밥의 수분 함량은 약 65%이다.

밥을 지을 때 증발하는 물의 양은 일정하기 때문에 소량의 밥을 할 때는 쌀에 비해 물의 양을 늘리고, 많은 양의 밥을 할 때는 물의 양을 줄인다. 팥이나 콩을 넣어 밥을 할 때는 물의 양을 늘려야 하고, 수분 함량이 많은 콩나물을 넣을 때는 물의 양을 줄여야 한다. 감자나 고구마는 자체의 수분만으로도 호화가 가능하므로 물의 양을 더 증감하지 않아도 된다. 한편 굴이나 버섯 등을 넣어 밥을 할 때는 밥이 끓은 후에 넣어야 향과 색을 잘 유지할 수 있다.

가열하기　밥이 완성될 때까지의 가열시간도 쌀의 양, 화력, 솥의 종류에 따라 차이가 있다. 화력은 3단계로 조절하는 데 쌀이 약 60~65℃에서 호화가 시작되므로 처음에는 센 불에서 끓여 전분에 물이 빠르게 침투되어 호화가 되도록 한다. 가열 중 아밀로스가 용출되면서 밥물에 끈기가 생기고 그 다음 중불을 유지하면서 물이 쌀에 모두 흡수되도록 한 후 약불로 줄여 남아 있는 물이 없어지도록 한다. 빠른 시간에 부드럽게 밥을 지으려면 압력솥을 이용하는 것이 좋지만 단점은 고온 때문에 비타민 B군의 파괴가 크다는 것이다.

뜸 들이기　가열이 끝난 후 불을 끈 상태에서 10~15분간 뜸 들이기를 하는데 이때 쌀 표면에 남아 있던 물이 내부로 흡수되면서 쌀알의 중심부까지 완전히 호화가 되어 부드러운 밥이 완성된다.

젓기　뜸 들이기가 끝난 밥을 그대로 두면 밥이 굳어버리는 데 이것은 솥 안의 수증기가 다시 밥으로 떨어져 물기가 생기고 밥알끼리 붙으면서 덩어리지게 된다. 따라서 밥이 완성되었을 때 곧바로 주걱으로 저으면서 수분을 날리면 밥알 사이에 공기가 들어가 공간이 생기면서 밥이 덩어리지지 않게 된다.

알고 갑시다

가마솥 밥이 맛있는 이유?

가마솥은 뚜껑이 무거워 솥 안의 수증기가 밖으로 새어나가지 못하고 압력을 높이기 때문에 고온에서 빠르게 밥이 만들어진다. 또 불이 직접 닿는 솥의 바닥은 두껍고 불에서 먼 옆면은 얇아서 열이 솥 전체에 균일하게 전달되어 수분 함량이 높은 밥이 된다. 가마솥은 열전도성과 보온성이 좋아 밥을 쉽게 식지 않게 하는 장점도 있다.

② 밥맛에 영향을 주는 요인

품종과 상태　우리나라에는 100여 가지 이상 품종의 쌀이 유통되고 있는데 농촌진흥청에서는 이 중 고시히까리, 오대, 추청, 동진, 일품, 남평, 삼광 등 18가지 품종을 고품질로 인정하고 있다. 쌀의 품종별 특징은 표 4-2와 같다.

밥맛을 좌우하는 것은 쌀의 품종도 중요하지만 쌀알이 깨지지 않은 완전미의 비중이 높아야 하고 몇 가지의 품종이 섞이거나 생산연도가 다른 쌀이 혼합되지 않아야 한다. 쌀 포장지의 품질 표시 사항은 그림 4-3과 같다.

알고 갑시다

맛있는 쌀을 고르려면?

- 품종 : 여러 품종이 혼합된 것이 아닌 단일 품종
- 생산년도 : 최근에 생산된 햅쌀
- 도정일자 : 도정한 지 2주 이내
- 쌀알의 모양 : 부서지지 않고 광택이 있는 것
- 보관 : 냉장 보관으로 산패를 지연시킨 것

표 4-2 쌀의 품종별 특징

품종	특징
고시히까리	· 세계적으로 인정받고 있는 품종 · 고시(찰기)히까리(윤기)는 찰기가 있고 윤기가 있다는 뜻의 이름
오대	· 철원군의 특산물이었다가 지금은 여러 곳에서 재배 · 쌀알이 약간 크고 밥을 지은 후 노화가 적음 · 찰지고 단맛이 남
추청	· 일본산 아키바리의 한국식 이름으로 높은 가을 하늘이라는 의미 · 이천쌀, 여주쌀 등에 사용되는 브랜드 · 쌀알의 투명도가 좋고 고시히까리보다 크기가 작음
신동진	· 군산 철새도래지쌀, 지평선쌀 등에서 사용 · 쌀알이 굵고 수분과 단백질 함량이 낮음
삼광	· 농촌진흥청에서 개발한 최고의 벼 · 경남, 충북, 충남에서 많이 재배 · 맑고 깨끗하며 부드럽고 찰진 맛

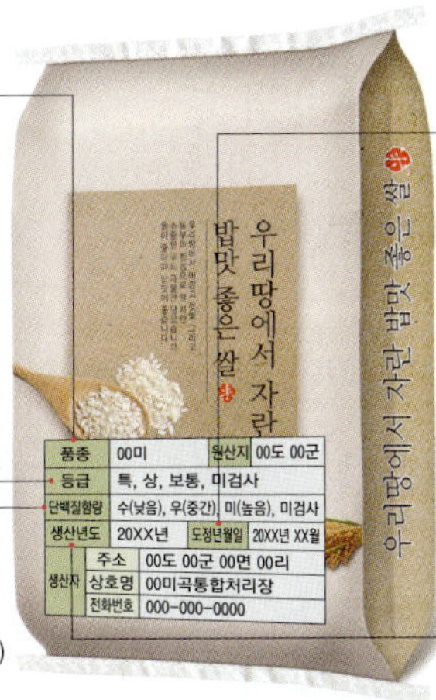

그림 4-3 쌀 포장지의 품질 표시사항

구성성분 밥은 아밀로스 함량이 낮을수록 끈기가 많아지고 색도 좋다. 아밀로스 함량이 높으면 전분 입자가 충분히 팽윤되지 못하고 밥의 점도도 떨어져 식으면 단단해진다. 단백질 함량은 낮을수록 부드러운 맛과 윤이 나고 아미노산은 구수한 맛을 준다.

저장기간과 수분 함량　밥맛은 쌀의 저장조건에 따라 달라지는 데 저장기간이 길어질수록 수분 함량이 줄어들고, 지방산이 분해되어 좋지 못한 냄새가 나며 분해된 지방산은 전분의 팽윤과 호화를 방해해 밥맛을 떨어뜨린다. 따라서 쌀은 최근에 도정한 것일수록 산화가 적어 밥맛이 좋고, 저온에서 벼의 형태로 저장하다가 필요할 때 도정하여 먹는 것이 가장 좋다.

묵은 쌀은 지나치게 건조된 상태여서 물을 넣으면 갑자기 흡수가 일어나 팽윤이 고루 이루어지지 않고 조직이 파괴되므로 맛이 떨어진다. 반면 햅쌀은 수분 함량이 많고 포도당 및 가용성 맛성분이 많아 밥을 지었을 때 맛이 있다.

용기와 열원　무쇠나 곱돌과 같이 무거운 용기는 수증기가 새는 것을 막아 내부 압력을 높이고, 열전도율이 낮아 쉽게 식지 않기 때문에 뜸 들이기에 좋다. 가마솥의 원리를 이용하여 만들어진 압력솥은 내부의 압력을 높여 물의 끓는점을 120℃까지 높이기 때문에 짧은 시간에 전분을 호화시켜 조리시간이 단축된다.

(2) 죽

죽은 곡류를 주재료로 하여 물을 붓고 끓여 반유동 상태로 만든 것으로 농경지역에서 발달된 음식이다. 우리나라에는 40여 종 이상의 죽이 있는데 구황식으로 출발하여 현재는 이유식, 환자식, 보양식, 별미식 등 다양한 용도로 활용되고 있으며 다음과 같은 종류가 있다.

- 미음 : 쌀의 10배 물을 붓고 푹 퍼지게 끓인 다음 국물만 걸러 마시는 것
- 응이 : 쌀을 갈아 앙금을 만들어 끓인 것
- 옹근죽 : 쌀의 5~6배의 물을 넣고 쌀알을 그대로 쑤는 것
- 원미죽 : 쌀알을 굵게 갈아 쑨 것
- 암죽 : 곡물을 말려 가루로 낸 다음 물을 넣고 끓인 것

(3) 떡

우리나라 의례음식에 빠지지 않는 중요한 음식이 떡이다. 떡은 만드는 방법에 따라 시루떡 · 백설기 등과 같은 찌는 떡, 절편 · 인절미 등의 치는 떡, 화전 · 부꾸미 등의 지지는 떡, 송편 · 경단 등의 빚는 떡으로 나뉜다.

떡은 멥쌀이나 찹쌀을 물에 불려 빻은 다음 물을 뿌려 만드는 데 수분 함량과 가열시간이 중요하고, 떡이 완전히 익으려면 뜸 들이기를 잘해야 한다. 아밀로펙틴의 함량이 많은 찹쌀가루는 찔 때 열 전달이 잘 되도록 찹쌀가루를 뭉쳐서 찜솥 안에 공간을 만들어 주어야 속까지 잘 익는다.

알고 갑시다

떡을 찔 때 뿌리는 물의 비율은?

떡을 만들 때 체 친 쌀가루 1컵당 물 1큰술의 비율이면 적당한 물주기가 되는데 묵은 쌀의 경우는 물을 조금 더 넣어야 한다. 물을 준 쌀가루는 살짝 쥐었다가 손바닥 위에 놓고 세 번 정도 튕겨 보았을 때 깨지지 않고 모양이 유지되면 물의 비율이 적당하다.

(4) 식혜

식혜는 엿기름을 이용하여 만든 우리나라 전통 음료이다. 단술 또는 감주라고도 하지만 알코올 함량이 낮아 술로 분류되지는 않는다. 식혜를 만들 때는 고두밥을 지어 엿기름물을 넣고 6~7시간 정도 따뜻하게 두면 효소반응에 의해 밥알이 삭으면서 위로 떠오른다. 이것은 엿기름에 들어 있는 당화효소인 β-아밀레이스β-amylase의 작용으로 밥알의 비중이 가벼워지면서 뜨게 되는 현상이고 이러한 과정에서 맥아의 독특한 단맛과 향도 생기게 된다. 식혜의 당화가 활발히 이루어지려면 약 50~60℃의 온도를 유지해야 하는데 이보다 낮은 온도에서는 쉬기 쉽고, 더 높은 온도에서는 효소작용이 둔화되기 때문이다.

일반 식혜와 다른 독특한 색과 맛을 내는 것으로 안동식혜가 있다. 안동식혜는 찐 찹쌀에 잘게 썬 무와 곱게 채 친 생강을 엿기름 내린 물과 섞어서 버무린 후 고춧물을 들인 것으로 밥알이 삭으면서 생긴 단맛과 고춧가루의 매운맛이 난다.

알고 갑시다

식혜 잘 만드는 요령은?

- 물에 담근 엿기름은 손으로 박박 문질러야 β-아밀레이스가 잘 우러나온다.
- 밥알의 형태를 그대로 유지하기 위해서는 삭힌 밥알을 건져 두었다가 식혜를 끓인 후 다시 넣어 먹는다.

2. 잡곡류

1) 보리

(1) 보리의 성분

보리는 섬유질이 많아 소화가 잘 되지 않는 단점이 있다. 탄수화물이 약 76%인데 전분이 대부분을 차지하며 그 외 펜토산pentosan, 설탕, 포도당, 라피노스raffinose 등이 있다. 보리의 주단백질은 호르데인hordein이며, 라이신은 쌀에는 그 함량이 적지만 보리에는 많이 들어 있기 때문에 쌀을 주식으로 하는 한국인에게 부족되기 쉬운 라이신을 보리를 통하여 보충할 수 있다. 보리는 특히 비타민 B군이 풍부하고 칼슘, 인, 철 등의 무기질도 많으며, 배아에는 리놀레산, 올레산 등의 지질이 약 2% 함유되어 있다.

(2) 보리의 종류

보리는 왕겨의 유무에 따라 왕겨가 잘 벗겨지는 쌀보리naked barley(나맥)와 잘 벗겨지지 않는 겉보리covered barley(피맥)로 분류한다. 쌀보리는 밥에 넣어 먹는 일반적인 보리를 말하며, 겉보리는 씨방 벽에서 분비되는 점액질 때문에 왕겨가 알맹이에 붙어 있어 분리되기가 어렵다. 따라서 겉보리는 그대로 볶아 보리차, 미숫가루나 엿기름 등으로 주로 이용한다.

그 외 보리의 종류로는 파종시기에 따라 가을보리와 봄보리, 보리알의 배열 수에 따라 두줄보리와 여섯줄보리로 나뉜다. 두줄보리는 낟알이 두 줄로 배열되어 있어 이삭이 납작하고 맥주, 위스키 등의 제조에 이용되며, 여섯줄보리는 여섯줄로 배열되어 육각형이고 엿기름, 미숫가루, 보리차 등에 주로 이용한다.

(3) 보리의 조리원리

압맥과 할맥 보리는 익히는 데 시간이 많이 걸린다. 도정을 해도 제거되지 않는 중앙의 깊은 홈에는 섬유질이 많아 소화가 잘되지 않는다. 따라서 쌀보리를 증기로 쪄서 납작하게 눌러 놓은 압맥이나 그것을 반으로 가른 할맥으로 가공하여 조리시간을 단축하고 소화도 잘 되도록 하고 있다. 압맥은 납작보리라고도 한다.

엿기름 엿기름은 보리에 싹을 내어 말린 것을 말하며 엿과 식혜를 만들 때 주로 이용한다. 겉보리를 따뜻한 곳에서 10일 정도 발아시킨 후 수분이 잘 흡수되는 천 위에서 싹을 기른다. 약 35~45℃에서 수분이 6~8%가 되도록 건조시킨 다음 뿌리는 제거하고, 말린 싹은 가루를 내어 사용한다.

알고 갑시다

새싹보리란?

새싹보리는 보리에서 싹을 틔운 후 7~10일이 지나 15~20 cm 정도 자란 어린잎을 말한다. 다 자란 보리보다 영양성분이 훨씬 많이 들어 있어 면역력 개선, 항산화작용, 콜레스테롤 저하, 간기능 개선 등 각종 성인병 예방에 효과가 있다. 주로 분말 형태로 섭취한다.

2) 옥수수

(1) 옥수수의 성분

옥수수의 탄수화물은 전분이 주를 이룬다. 단백질은 라이신, 트립토판이 적고 트레오닌threonine은 비교적 많다. 주단백질인 제인zein은 불완전단백질이기 때문에 우유 등의 질 좋은 단백질과 같이 섭취하지 않으면 나이아신 결핍증인 펠라그라병이 생길 수 있다. 지질은 배아에 주로 존재하는데 올레산과 리놀레산이 주 지방산이며 옥수수기름에는 비타민 A와 E가 많다.

(2) 옥수수의 종류

옥수수는 종자의 모양과 특성에 따라 감미종sweet corn, 폭립종pop corn, 경립종flint corn, 마치종dent corn, 나종waxy corn, 연립종soft corn으로 나뉜다. 옥수수의 품종별 특징은 표 4-3과 같다.

표 4-3 옥수수의 품종별 특징

품종	특징
감미종	· 단맛이 많아 붙여진 이름 · 통조림, 수프, 샐러드나 중국 음식에 많이 쓰임 · 베이비콘은 감미종을 쪄서 만든 것
폭립종	· 부드러운 내부가 매우 단단한 과피에 쌓여 있음 · 열을 가하면 내부 수분의 압력에 의해 폭발하듯이 배유 부분이 노출됨 · 팝콘으로 이용
경립종	· 우리나라에서 많이 재배되는 재래종 · 전분, 포도당, 소주 등으로 이용
마치종	· 세계에서 가장 많이 재배됨 · 말의 치아 같은 모양 때문에 붙여진 이름 · 사료, 전분, 기름 등으로 이용됨

(계속)

품종	특징
나종	· 찰옥수수 · 종자 전분의 98%가 아밀로펙틴으로 찰기가 많음
연립종	· 건조시키면 표면에 주름이 생김 · 전분제조나 통조림으로 이용

알고 갑시다

단맛 최고, 초당옥수수!

초당옥수수super sweet corn, 超糖는 이름처럼 일반 옥수수보다 단맛이 훨씬 많은 감미종이다. 그러나 전분 함량이 낮아 칼로리가 적고 낱알의 껍질이 얇아 생으로도 먹을 수 있다.

(3) 옥수수의 조리원리

옥수수는 입자가 고르고 윤이 나며 껍질이 벗겨진 낟알이 없고 벌레 먹지 않은 것이 좋다. 시리얼이나 제과제빵 등의 가공식품 재료로 사용되고 옥수수에서 분리된 전분은 물엿 가공 등에 활용되며 배아에서 추출한 기름은 옥수수유로 이용된다. 옥수수 수염은 이뇨작용이 뛰어나 민간요법으로 많이 활용될 뿐 아니라 차로 가공되기도 한다.

호밀이라는 이름 유래
호밀은 오랑캐라는 뜻의 호(胡)와 우리말 밀이 합쳐진 것으로 북쪽 지방에서 들어온 밀이라는 뜻

3) 기타 잡곡류

(1) 호밀

흑맥黑麥 또는 양맥洋麥이라고도 하는 호밀은 다른 곡류에 비해 라이신 함량이 높아 쌀과 함께 먹으면 영양적으로 상호 보완이 된다. 호밀은 밀에 비해 단백질과 전분 함량은 낮고 당과 식이섬유가 많다. 빵으로 만들었을 때 밀가루로 만든 빵에 비해 특유의 구수한 맛과 향이 있고 저장성은 좋지만 부피가 작고 질기다. 그러나 호밀가루에 밀가루를 적절히 섞으면 잘 부풀어 부드러운 빵으로 완성된다.

(2) 메밀

메밀은 단백질이 다른 곡류보다 많은 우수한 식품이다. 필수아미노산을 고루 함유하고 있고 혈관의 저항성을 강하게 하여 뇌출혈 등을 예방하는 효과가 있는 루틴이 풍부하다. 수용성인 루틴은 메밀국수를 삶을 때 상당량 녹아 나오기 때문에 메밀국수 삶은 물을 버리지 말고 마시거나 요리에 이용하는 것이 좋다. 메밀은 식감이 거칠지만 최근 그 효용성이 알려지면서 건강식품으로 묵, 국수, 전병 등 여러 가지 음식에 활용되고 있다.

(3) 귀리

귀리는 도정을 하면 겉껍질만 제거가 되고 대부분의 배아와 배유가 남아 있어서 도정에 의한 영양 손실은 적다. 귀리는 다른 곡류에 비해 단백질과 지질의 함량이 높은데 필수아미노산인 라이신이 특히 많고 지방산의 약 80%가 불포화지방산이다. 주 지방산은 올레산과 리놀레산이며 칼슘, 인, 철 등과 비타민 B군도 풍부하다. 귀리로 만든 오트밀은 소화가 잘되기 때문에 특히 노인, 유아, 환자들에게 좋고 제과 · 제빵용, 장류, 알코올 제조 등에 이용된다.

3. 서류

서류는 땅속줄기나 뿌리가 비대해져 전분 등을 저장하는 근채류를 말하며 감자, 고구마, 토란, 마, 카사바 등이 그 예이다. 서류는 재배가 쉽고 단위면적당 에너지 생산력이 높지만 수분 함량이 많아 수송과 저장성이 좋지 못하다. 서류의 주성분은 탄수화물이고 칼륨, 인 등의 무기질이 풍부하며, 열에 안정적인 비타민 C가 함유되어 있는 것이 특징이다.

1) 감자

(1) 감자의 성분

감자에는 탄수화물이 약 15~20% 함유되어 있는데 대부분이 전분이고 전분 입자가 커서 가열하면 호화의 진행속도가 빠르다. 주단백질은 글로불린에 속하는 튜베린tuberin이며 단백질 함량은 곡류에 비해 적다. 감자는 사과보다 약 2.5배가 많은 비타민 C를 함유하고 있어서 비타민 C의 급원이라고도 할 수 있다. 칼륨이 많아 나트륨의 배출을 도와주며 펙틴 등의 식이섬유도 풍부하다. 최근에는 안토사이아닌과 천연 생리활성물질이 풍부한 보라색, 자주색 등의 컬러감자도 생산되고 있다.

감자에 들어 있는 독성으로는 솔라닌solanin과 셉신sepsin을 들 수 있는데 솔라닌은 감자가 햇빛에 노출되었을 때 싹과 껍질에 생긴다. 솔라닌은 가열하여도 사라지지 않기 때문에 싹과 껍질의 초록색 부분을 깊게 도려내야 한다. 셉신은 감자가 썩으면 생기는 독성물질인데 심한 중독을 일으키므로 주의한다.

알고 갑시다

감자의 비타민 C가 열에 강한 이유?

감자의 비타민 C는 전분질에 둘러싸여 보호를 받고 있기 때문에 가열에 의해 잘 파괴되지 않는다.

알고 갑시다

감자 보관법

감자는 햇빛을 차단하고 통풍이 잘 되는 박스에 넣어 저온에서 보관하는데 이 때 박스당 사과 1개 정도를 넣어 두면 사과에서 생성되는 에틸렌ethylene이 감자의 숙성을 지연시켜 싹이 나는 것을 억제한다.

(2) 감자의 분류

① 성분에 따른 분류

감자는 분질감자와 점질 감자로 분류되는데 분성인지 점성인지를 구분하기 위해서는 식용가palatability factor, P.F.나 비중의 차이를 이용한다. 식용가는 단백질과 전분의 양에 의해 계산되는 지표인데 식용가가 크면 점질감자, 작으면 분질감자로 분류한다. 또한 비중에 따른 구분은 감자를 소금물에 띄워보는 방법으로 비중이 높으면 분질감자, 낮으면 점질감자이다.

$$식용가(P.F.) = \frac{감자의\ 단백질\ 양}{감자의\ 전분\ 양} \times 100$$

분질감자　전분 함량이 많은 분질감자는 가열하면 전분입자가 팽창하여 세포막이 받는 압력이 커지면서 세포의 분리가 쉬워져 잘 부서진다. 속살은 불투명한 흰색이며, 전분 입자가 커서 빨리 익고 포슬포슬한 질감을 주기 때문에 매시트포테이토나 찐 감자 등으로 주로 먹는다. 비중은 약 1.110~1.115로 점질감자보다 높다.

점질감자　단백질 함량이 많은 점질감자는 가열하면 단백질이 응고되면서 전분 입자를 둘러싸 입자의 팽창을 막고 세포가 분리되지 않아 쉽게 부서지지 않는다. 속살은 반투명한 노란색을 띠며 익으면 질퍽한 느낌이 있다. 기름에 볶거나 튀기는 요리, 샐러드나 조림 등으로 활용한다. 비중은 약 1.070~1.080으로 분질감자보다 낮다.

알고 갑시다

비중 차이에 의한 분질감자와 점질감자 구분법

두 감자의 비중 차이를 활용, 물과 소금을 11 : 1, 즉 물 11컵에 소금 1컵을 녹인 소금물에 감자를 넣어서 가라앉으면 분질, 뜨면 점질감자이다.

② 색에 따른 분류

과거에는 육질이 노란색 또는 흰색인 감자가 대부분이었으나, 현재는 보라색, 빨간색 등의 다양한 품종이 개발되었으며 이러한 감자는 아린 맛이 없어서 생으로 먹을 수 있다. 수미감자로 대표되는 일반 감자 외에 보라색 감자는 껍질과 살이 모두 보라색이며 일반 감자보다 안토사이아닌 함량이 많아 항산화활성도가 4배 높고 칼로리는 낮다. 빨간색 감자는 전분 함량이 많고 껍질이 얇다.

수미감자
감자칩용으로 적합하고 우리나라 감자 생산량의 80%를 차지하며 맛이 좋음

(3) 감자의 조리원리

① 갈변현상

감자는 껍질을 벗기거나 썰어두면 갈색으로 변하는데 이것은 감자를 잘랐을 때 세포의 손상이 생기면서 세포 내에 함유되어 있던 산화효소인 타이로시네이스tyrosinase가 노출되어 타이로신tyrosine과 반응하여 갈색 색소인 멜라닌을 형성하는 효소적 갈변현상 때문이다. 이러한 반응은 기질, 효소, 산소에 의한 것으로 감자를 가공하는 과정에서 감자의 기호도를 낮출 수 있으므로 그 반응을 억제시키는 것이 좋다. 감자의 갈변을 억제하기 위해서는 산화효소의 활성을 차단하여야 한다. 감자의 껍질을 벗기거나 자른 후에 바로 물에 담가 수용성인 타이로신과 타이로시네이스가 물에 용출되도록 하거나 감자를 익히면 타이로시네이스가 불활성화되어 갈변을 막을 수 있다. 또 진공포장 등으로 산소와의 접촉을 차단하는 것도 방법이다.

② 감자의 조리

매시트포테이토 매시트포테이토mashed potato는 성숙한 분질감자를 이용하는 것이 좋은데 햇감자는 전분의 숙성이 충분하지 않고 프로토펙틴이 많아 세포의 분리가 어렵기 때문이다. 매시트포테이토는 감자의 조직을 파괴하여 세포를 흩어지게 하여 만드는 것인데, 이때 세포 조직은 파괴되지 않고 그대로 유지되어야 입안에서의 감촉이 좋다.

알고 갑시다

식은 감자가 잘 으깨지지 않는 이유?

뜨거운 감자는 세포막이 연해져 있어서 세포가 잘 떨어지지만, 식으면 식물세포를 서로 붙여주는 역할을 하는 펙틴이 세포끼리 더 단단히 붙게 한다. 또 감자가 식으면 끈기가 생겨 잘 으깨지지 않고 억지로 체에 내리면 세포막이 파괴되면서 입안에서의 감촉도 나쁘다.

감자칩　감자칩은 감자의 껍질을 벗겨 얇게 썬 것을 높은 온도에서 단시간 튀긴 것이다. 감자는 저온에서 저장하는 동안 감자의 아밀레이스와 말테이스의 작용으로 전분이 당으로 변한다. 이러한 현상은 단맛을 증가시키지만 당과 단백질에 의한 마이얄반응이 일어나면서 지나친 갈변이 생길 수 있다. 따라서 조리 전 약 20℃ 전후의 온도에서 호흡을 통하여 당을 소비하게 하거나 물에 담가 당을 용출시킨 다음 사용하는 것이 좋다.

그 외 감자요리　감자는 전분 함량이 많고 맛이 담백하여 주식과 부식으로 많이 이용되고 있다. 알칼리 식품인 감자는 특히 서양에서 찌거나 볶음, 튀김 등의 형태로 육류와 곁들여 먹는 중요한 식재료이다. 우리나라에서도 밥, 수제비, 조림, 탕 등에 부재료로 활용하거나 감자부침, 감자범벅 등 주재료로도 이용하고 있다. 그 외 감자는 전분, 술, 물엿 등의 가공에 사용된다.

알고 갑시다

효과적인 감자 조리방법

- 껍질째 삶으면 비타민의 90%가 유지된다.
- 처음부터 물에 넣고 삶으면 감자가 서서히 익기 때문에 전분 보호막이 파괴되지 않아 영양소의 유출을 막을 수 있고 뜨거운 물에 감자를 넣으면 속까지 익는 시간이 더 많이 소요된다.
- 폴리페놀의 일종으로 항산화작용을 하는 클로로겐산chlorogenic acid이 감자의 껍질 바로 밑에 존재하므로 조리 시 껍질은 최대한 얇게 벗긴다

2) 고구마

(1) 고구마의 성분

고구마는 수분 함량이 약 60~70%로 감자보다 적고 탄수화물이 많아 열량이 높다. 탄수화물은 감자와 마찬가지로 대부분 전분이고 설탕, 포도당, 과당 등의 당질이 약 20% 함유되어 있어 감자보다 단맛이 강하다. 단백질은 약 1~2%인데 주단백질은 글로불린에 속하는 이포마인ipomain이다. 고구마의 비타민은 비타민 A, 싸이아민, 비타민 C가 풍부하며, 특히 비타민 C는 감자와 마찬가지로 열에 강하여 열에 의한 조리를 한 후에도 약 70~80% 정도 유지된다. 고구마는 체내의 과잉 나트륨을 배출시키는 칼륨이 많아 고혈압 환자에게 좋은 식품이며, 섬유질이 풍부하여 변비를 예방 치료하는 데 도움이 되고, 위에 머무는 시간이 길어 다이어트 식품으로도 좋다. 고구마의 특수성분으로는 얄라핀jalapin을 들 수 있는데 이는 고구마의 절단면에서 나오는 유백색 점액이다. 얄라핀은 공기와 접촉하면 검은색으로 변하는 데 일단 변색한 후에는 물로 씻어도 없어지지 않는다.

(2) 고구마의 종류

고구마는 색에 따라 다양한데 속살이 황백색, 짙은 노란색 그리고 자색을 띠는 품종이 있다. 황색, 자색 등 짙은 색 고구마는 일반 고구마에 비해 카로테노이드와 안토사이아닌의 함량이 더 많다.

(3) 고구마의 조리원리

① 갈변현상

껍질을 벗기거나 자른 고구마를 공기 중에 두면 갈변현상이 생기는 데 이는 폴리페놀 산화효소polyphenol oxidase와 클로로겐산과 같은 폴리페놀 화합물과의 작용에 의해 멜라닌을 생성했기 때문이다. 껍질을 깎은 후 바로 물에 담그면 산소와의 접촉을 차단시켜 갈변을 막을 수 있다.

② 단맛 증가

고구마의 전분은 β-아밀레이스에 의해 가수분해되어 맥아당을 생성함으로써 단맛을 낸다. 가열과정에서 맥아당으로 많이 분해될수록 단맛이 증가하는데 약 50~60℃에서 효소의 활성이 가장 활발하게 작용하며 효소단백질이 열변성하여 활성을 잃을 때까지 그 작용은 계속된다. 따라서 전자레인지 등으로 빠른 시간에 익히는 것보다 뜨거운 돌 위에서 굽거나 재에 묻어두는 것이 효소의 활성온도를 오랫동안 유지할 수 있어서 더 맛있는 고구마로 굽는 방법이다.

알고 갑시다

햇볕에 말린 고구마가 생고구마보다 단맛이 많은 이유?

햇볕의 따뜻한 온도가 β-아밀레이스에 의한 맥아당 생성이 많아지도록 도왔기 때문이다. 이것은 재에 고구마를 서서히 익혔을 때 단맛이 증가하는 것과 같은 원리이다.

③ 고구마의 조리

고구마는 생으로 먹기도 하지만 소화가 잘 되지 않는 단점이 있어 익혀 먹는 것이 좋다. 군고구마, 찐고구마 외에 밥, 떡, 빵에 부재료로 넣어 먹거나 전분, 당면, 제과, 주정과 물엿 등으로 가공되고 있다.

알고 갑시다

고구마를 낮은 온도에서 천천히 삶으면 익지 않는 이유?

고구마를 낮은 온도에서 천천히 삶으면 조직이 연화되지 않는다. 이것은 세포막이 파괴되면서 칼슘이온이나 마그네슘이온이 펙틴과 결합하여 불용성인 펙틴산염pectate이 되면서 조직이 단단해지기 때문이다. 이것을 관수현상이라 하는데 가열 중에 불이 꺼져 고구마가 오래 물에 잠겨 있거나 홍수 등의 피해를 입은 고구마에서도 이 현상이 나타난다.

3) 토란

토란은 수분이 약 80%이고 탄수화물은 대부분이 전분이지만 덱스트린과 설탕이 일부 함유되어 있어서 단맛이 난다. 토란의 껍질을 벗길 때 미끈거리는 것은 갈락탄galactan에 의한 것인데 점질물질인 갈락탄에 싸여 있는 토란을 그대로 국에 넣으면 조미료의 침투가 어렵고 토란의 색이 파래지기도 하므로 쌀뜨물이나 소금물에 미리 데친 후 사용하는 것이 좋다. 토란을 넣고 가열할 때 거품이 생기는 것은 점질물질이 물에 녹아 나와 거품을 만들기 때문인데 이때 소량의 소금을 넣으면 점질물질이 응고되어 이러한 현상을 막을 수 있다. 토란의 아린 맛은 호모겐티스산homogentisic acid에 의한 것인데 토란을 물에 담가두거나 데치면 일부가 제거된다.

알고 갑시다

토란 조리 시 알레르기 방지법

토란에 함유되어 있는 수산칼슘이 가려움증을 일으키는데 이것은 소금물에 가열하거나 식초물에 담그면 없앨 수 있다.

알고 갑시다

껍질 벗긴 토란 구입 후 손질 요령

너무 흰 것은 표백제를 사용했을 가능성이 있으므로 물에 담가 표백제를 우려 낸 후 사용한다. 이때 소금물에 우리면 삼투압에 의해 오히려 표백제가 토란에 흡수될 수 있으므로 주의한다.

4) 마

마는 전분이 주성분이며 점질물질인 뮤신mucine이 많이 함유되어 있다. 마는 양질의 단백질과 무기질이 풍부한 알칼리성 식품으로 α-아밀레이스 등의 효소가 많아 소화를 돕는다. 마는 생으로 갈아 마시거나 쪄서 또는 구워 먹기도 한다. 마의 껍질을 벗기면 감자나 고구마처럼 변색이 일어나고 이때 나오는 끈적한 성분인 뮤신이 피부에 닿으면 가려울 수가 있다. 이를 방지하기 위해서는 장갑을 끼거나 희석한 식초물 또는 소금물로 씻는다.

5) 돼지감자

돼지감자에는 이눌린inulin이 풍부한데 이것은 췌장의 인슐린 분비를 촉진시켜 혈당을 저하시키기 때문에 천연 인슐린이라 불린다. 이눌린은 수용성 식이섬유이므로 영양 손실을 줄이려면 튀김과 같이 수분을 사용하지 않는 조리법이 효과적이다. 돼지감자는 아삭하고 시원한 식감이 있어서 생으로 먹기도 하고, 조림이나 볶음, 찜으로 이용하거나 말려서 차로 마시기도 하며, 가축 사료나 알코올 제조의 원료로도 쓰인다. 껍질을 벗긴 돼지감자는 갈변하기 때문에 사용 전까지 물에 담가 두는 것이 좋다.

단원정리

다음의 내용을 이해하셨나요?

1. 곡류의 구조와 성분
2. 밥 짓기의 원리
3. 잡곡류의 특징과 조리원리
4. 감자의 종류와 조리원리
    - 분질감자와 점질감자
    - 갈변의 원리와 억제방법
5. 고구마의 조리원리
    - 갈변, 관수현상
    - 효과적인 고구마 조리법
6. 기타 서류의 특징

5

CHAPTER

밀가루

1. 밀과 밀가루의 종류 | 2. 밀가루의 제조 | 3. 밀가루의 성분
4. 밀가루의 조리원리 | 5. 팽창제 | 6. 밀가루의 조리

학습목표

- 밀과 밀가루의 종류를 설명할 수 있다.
- 밀가루의 성분을 설명할 수 있다.
- 밀가루의 조리원리를 설명할 수 있다.

밀은 기원전 6000~4000년경 이란에서 처음 재배되기 시작하여 메소포타미아 문명, 인도, 중국을 거쳐 우리나라의 고조선으로 전래되었으며 재배 면적이 가장 넓다.

밀은 과피 · 종피 · 호분층을 포함하는 16%의 겨층, 밀 가공 시 밀가루가 되는 82%의 배유, 그리고 단백질 · 지방 · 비타민이 함유된 2%의 배아로 나누어지며 밀가루는 제과 · 제빵 · 제면용으로 사용되고 있다그림 5-1.

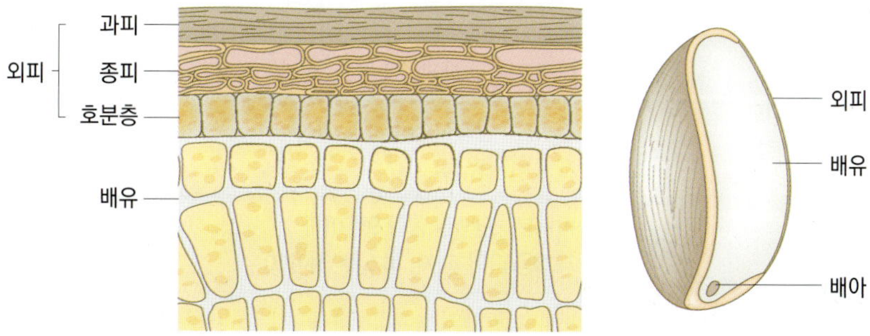

그림 5-1 밀의 구조

1. 밀과 밀가루의 종류

1) 밀의 종류

밀은 파종시기에 따라 겨울밀과 봄밀로, 종피의 카로테노이드 색소량에 따라 백색밀과 적색밀로, 밀알의 단단한 정도 또는 단백질 함량에 따라 초경질밀과 경질밀 및 연질밀로 분류하며 표 5-1과 같다.

표 5-1 밀의 종류

분류기준	명칭	특징
파종시기	겨울밀 봄밀	• 겨울밀의 생산량이 가장 많음
종피의 색	백색밀 적색밀	• 카로테노이드 많을 수록 황색에 가까운 밀가루 • 백색밀(백황색) • 적색밀(황색, 적황색, 황적색, 황금색, 적갈색)
밀알의 단단한 정도 또는 단백질 함량	초경질밀	• 단백질 함량이 높고 매우 단단함 • 원산지 : 이탈리아 • 마카로니, 스파게티, 난nan
	경질밀	• 강력분 : 단백질 함량 13% 이상 • 제빵용(식빵 등)
	연질밀	• 박력분 : 단백질 함량 9% 이하 • 제과용(파이, 과자, 비스킷, 케이크)

2) 밀가루의 종류

(1) 글루텐 함량에 따른 분류

밀가루는 글루텐 함량에 따라 보통밀로는 강력분, 중력분, 박력분을 만들고표 5-2 초경질밀인 듀럼밀로는 세몰리나를 만들어 스파게티, 마카로니와 같은 파스타를 만든다.

표 5-2 글루텐 함량에 따른 밀가루 종류

밀의 종류	밀가루 종류	글루텐 함량	용도
보통밀	강력분	13% 이상	제빵용으로 식빵, 단과자빵 등
	중력분	9~11%	다목적 밀가루로 면류, 부침용 등
	박력분	9% 미만	제과용으로 과자, 파이, 케이크, 튀김옷 등

(2) 용도에 따른 분류

밀가루는 용도에 따라 빵용 밀가루bread flour, 다목적 밀가루all-purpose flour, 케이크용 밀가루cake flour, 페이스트리용 밀가루pastry flour, 자가팽창 밀가루self-rising flour, 글루텐 밀가루gluten flour, 인스턴트 밀가루instant flour 등으로 나뉜다.

알고 갑시다

- 자가팽창 밀가루 : 베이킹 파우더가 든 밀가루
- 글루텐 밀가루 : 밀가루에서 전분의 대부분을 제거하고 단백질인 글루텐만 남긴 밀가루
- 인스턴트 밀가루 : 액체에 쉽게 용해되도록 미리 젤화된pregelatinized 과립형 밀가루

2. 밀가루의 제조

밀가루는 그림 5-2와 같이 밀을 세척하여 템퍼링하고 분쇄한 후 숙성과정을 거쳐 만들어지며 필요에 따라 영양성분을 강화하기도 한다.

밀 세척 → 템퍼링 → 분쇄(제분) → 숙성 → 영양 강화

그림 5-2 밀가루의 제조 공정

① 세척

밀을 사입한 후 이물질을 제거하고 세척한다.

② 템퍼링tempering

세척한 밀을 물이나 용액에 담가 겨층을 부드럽게 하여 쉽게 제거하기 위하여 가수처리한다.

밀가루의 제분율(%) = [제분된 밀가루 중량(g)/원료밀의 중량(g)] × 100

미들링 배유

조분쇄된 중간 입자 크기의 배유

③ 분쇄

제분 공정으로 우선 조쇄하여 겨층과 배유 부분으로 분리한다. 대충 분쇄된 미들링 middling 배유를 덧분쇄하여 밀껍질을 제거하면 밀가루가 된다. 이때 분쇄되지 않은 미들링 배유를 다시 체로 쳐서 분쇄하는 공정을 5~6회 반복하면 균일한 입자의 밀가루가 된다. 제분율 72% 정도의 시중 유통 밀가루를 스트레이트straight-grade 밀가루라고 한다.

④ 숙성

제분 직후는 제빵성이 좋지 않아 60~90일 정도 방치하는 공정으로 이 과정에서 밀가루는 공기와 접촉하여 카로테노이드 색소가 산화되어 흰색으로 되며 단백질의 이황화(S–S)결합이 증가하여 제빵성이 좋아진다.

- 자연숙성 : 시간과 공간이 많이 필요하고 품질이 불균일하고 저하될 염려가 있다.
- 인공숙성 : 과산화벤조일, 염소, 과산화암모늄, 이산화염소 등의 품질개량제를 사용하여 인위적으로 숙성한다.

⑤ 영양강화

필요에 따라 비타민 B_1, B_2, 나이아신, 엽산, 철, 칼슘 등을 0.3~0.5% 강화한다.

3. 밀가루의 성분

1) 수분

밀가루의 수분 함량은 12~14%로 저장성이 좋다.

2) 탄수화물

전분은 75~80% 정도 함유되어 있고 2~3% 함유되어 있는 펜토산은 반죽의 응집력 생성에 영향을 주며, 포도당 · 과당 · 맥아당 등의 당류가 2%, 소량의 덱스트린 · 셀룰로스 · 헤미셀룰로스 등이 포함되어 있다. 전분 입자는 빵을 굽는 과정에서 물을 흡수하여 팽윤하고 자유수를 감소시켜 베이커리 제품의 구조를 견고하게 한다.

3) 단백질

밀가루의 단백질은 불용성 단백질로 대부분 배유에 존재하며 점성에 관여하는 글리아딘과 탄성에 관여하는 글루테닌의 두 단백질을 물과 함께 반죽하면 점탄성에 관여하는 글루텐이 형성된다. 소량 존재하는 가용성 단백질인 알부민과 글로불린은 대부분 겨층과 배아에 분포되어 있다. 밀가루는 필수아미노산인 라이신, 메싸이오닌, 트립토판이 부족한 불완전단백질 식품이다.

4) 지질

밀에는 배아에 약 2~3%의 지질이 존재하지만, 밀가루에는 약 1~1.5%의 지질이 함유되어 있다. 배유에는 당지질이 많고 겨층과 배아에는 인지질이 많다. 팔미트산, 스테아르산, 올레산, 리놀레산, 아라키돈산 등의 지방산이 존재하며 불포화지방산의 비율도 비교적 높다.

5) 비타민과 무기질

밀의 비타민과 무기질은 주로 외피와 배아에 함유되어 있어 제분과정 중 제거되어 일반 밀가루에는 비타민과 무기질의 함량이 적다. 따라서 손실된 비타민이나 무기질을 첨가하여 강화밀가루를 만든다.

4. 밀가루의 조리원리

1) 글루텐 형성

밀가루는 50~60%의 물을 가하여 반죽을 하면 구형의 점성을 띠는 글리아딘과 긴 막대 형태로 탄성을 띠는 글루테닌 단백질이 수화가 일어나 3차원적 입체 망상 구조의 점탄성을 띠는 글루텐 복합체 반죽dough을 형성한다그림 5-3.

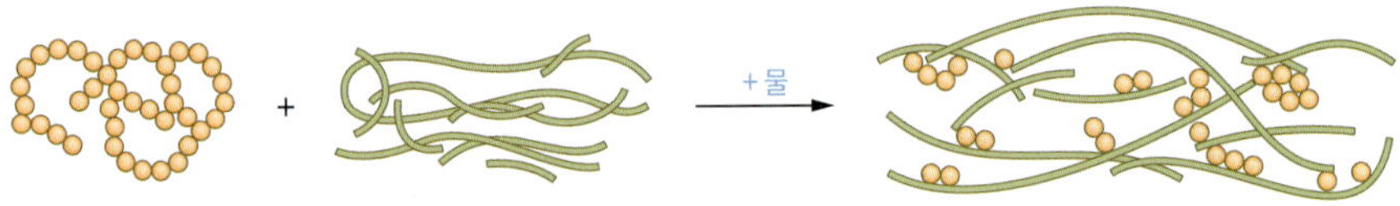

그림 5-3 글루텐의 형성

알고 갑시다

밀가루 반죽을 물에 씻으면 글루텐이 얻어진다?

밀가루 반죽을 오래 치댄 후 흐르는 물에 씻으면 전분이 뿌연 물로 씻겨 나간다. 맑은 물이 나올 때까지 전분을 완전히 씻어내면 황색의 젖은 글루텐wet gluten이 남고, 이 글루텐을 오븐에 구워 건조시킨 것을 건조 글루텐dry gluten이라고 한다.

2) 글루텐에 영향을 주는 요인

(1) 밀가루의 종류

강력분은 박력분보다 단백질 함량이 높아 더 단단하고 질긴 반죽을 형성한다. 또한 글루텐의 수화에는 글루텐 무게의 2배 수분이 필요하므로 강력분은 박력분에 비해 반죽시 더 많은 수분을 필요로 하고 글루텐 형성도 느리기 때문에 박력분보다 반죽시간이 길어진다.

(2) 온도

물의 온도가 높아지면 단백질이 빨리 수화되므로 글루텐의 생성이 빨라진다. 밀가루 반죽에는 보통 30℃ 정도의 물을 사용하고 튀김옷을 만들 때는 15℃ 정도의 찬물 또는 얼음물에 반죽하면 글루텐 형성이 억제되어 튀김이 바삭해진다.

(3) 물 첨가방법

첨가하는 물을 한 번에 넣는 것보다 소량씩 여러 번 나누어 첨가하면 글루텐이 더 잘 형성된다. 따라서 식빵, 칼국수, 만두피 등을 만들 때 물을 조금씩 나누어 첨가하면 글루텐이 잘 형성되고 맛도 좋아진다.

(4) 반죽을 치대는 정도

밀가루에 물을 가하여 반죽을 많이 치댈수록 글루텐 형성이 잘되어 반죽은 한 덩어리로 뭉쳐지고 점점 탄성과 점성이 커지면서 거칠거칠한 표면이 매끈한 표면으로 된다. 그러나 기계를 사용하여 지나치게 반죽을 하면 형성된 글루텐이 끊어져 반죽이 물러진다.

(5) 반죽의 숙성시간

밀가루 반죽을 비닐이나 젖은 수건 등으로 싸서 일정 시간 숙성시키면 신장성이 커지고 부드러워져 다루기 쉬워진다.

(6) 첨가물의 영향

① 액체류

반죽에 첨가되는 물, 우유, 과일즙, 채소즙 등은 설탕, 소금, 베이킹파우더 등을 용해시켜 균일하게 혼합되도록 하고, 베이킹파우더와 베이킹소다의 이산화탄소 생성을 돕는다. 또한 액체는 밀가루 단백질을 수화시켜 탄력 있고 유연한 글루텐 망상 구조의 형성을 돕고 전분 호화에 필요한 수분을 공급한다. 액체는 굽는 과정에서 수증기를 생성하여 반죽의 팽창을 돕는다.

알고 갑시다

도우dough와 배터batter의 차이

- 도우 : 손으로 뭉칠 수 있을 정도의 된반죽으로 식빵, 과자빵, 만두피, 면류 등에 사용되는 반죽
- 배터 : 흐르는 상태의 묽은 반죽으로 튀김옷, 머핀, 와플, 케이크, 팝오버(공갈빵의 일종) 등에 사용되는 반죽

② 달걀

달걀은 난백, 난황, 전란의 형태로 사용하며, 밀가루 반죽에 수분을 제공하고 빵제품의 맛과 색을 좋게 한다. 달걀 단백질은 가열에 의해 변성 · 응고되면서 글루텐을 팽창된 상태로 고정시켜 제품의 형태가 유지되도록 한다. 달걀의 난백은 기포를 형성하여 반죽 내에 공기를 혼입시키고 가열 시 부피가 증가하여 팽창제로 작용한다. 또한 난황은 유화작용이 있어 반죽 시 액체와 지방이 고루 섞일 수 있도록 한다.

③ 설탕

설탕은 가열 시 캐러멜화를 일으켜 먹음직스러운 갈색의 표면을 형성하고 반죽 내의 수분을 흡수하여 글루텐의 형성을 저해하므로 설탕이 들어 있는 반죽은 좀더 오래 반죽해야 한다. 적당량의 설탕은 지나친 글루텐 형성을 억제하여 쉽게 팽창되도록 하기 때문에 빵의 부피가 증가하지만, 과량의 설탕은 글루텐 형성을 부족하게 하여 베이킹

과정에서 가스 팽창에 의한 압력을 견디지 못해 표면에 균열을 만든다. 반면 너무 적은 양의 설탕은 제품을 거칠게 만든다.

④ 지방

빵에 독특한 향미와 색을 부여하고, 연화작용shortening effect을 하는 지방은 글루텐의 표면을 둘러싸 망상 구조의 형성을 억제함으로써 반죽을 부드럽고 연하게 한다. 파이를 만들 때 덩어리 상태의 지방을 첨가하면 글루텐과 글루텐 사이에 넓은 지방막이 형성되어 글루텐의 연결을 방해하고 구웠을 때 얇은 층이 생기고 바삭바삭해진다.

⑤ 소금

소금은 글리아딘의 점성을 증가시키고 글루텐의 구조를 치밀하게 하므로 적당량을 첨가하면 제품의 맛을 좋게 하고 글루텐의 강도를 높여주지만 과량의 소금은 제품을 질겨지게 한다.

5. 팽창제

팽창제에는 공기, 수증기와 같은 물리적 팽창제, 이스트와 같은 생물학적 팽창제, 베이킹소다 또는 베이킹파우더와 같은 화학적 팽창제가 있다. 이스트와 베이킹소다 또는 베이킹파우더는 이산화탄소를 발생시키는 팽창제이다.

1) 공기

밀가루를 계량하기 전 또는 소금, 베이킹파우더 등 가루제품을 혼합하고, 체에 치는 경우 반죽에 공기가 함유된다. 버터와 설탕을 섞어 크리밍creaming과 폴딩folding하는 동안에도 공기는 반죽에 혼입되어 부피를 팽창시킨다. 난백을 거품내어 만든 머랭을 반죽에 첨가하여도 다량의 공기가 혼입되는데 스펀지케이크, 엔젤케이크 등이 좋은 예이다.

2) 수증기

우유나 달걀과 같은 액체 재료들은 빵을 구울 때 수증기로 바뀌어 반죽을 팽창시킨다. 수증기는 주로 빠르게 구워야 하는 크래커나 파이 껍질, 플랫 브레드, 팝오버popover 등에서 팽창 기체로 작용한다.

팝오버

3) 이산화탄소(CO_2)

(1) 생물학적 팽창제

Baker's yeast라고도 불리는 이스트*Saccharomyces cerevisiae*는 이산화탄소를 생성하여 빵을 부풀리는 살아있는 미생물로 효모라고 한다. 이스트의 종류는 압착 이스트compressed yeast, 활성건조 이스트active dry yeast, 속성팽창건조 이스트instant quick-rising active dry yeast 등이 있으며 특징은 표 5-3과 같다.

표 5-3 이스트의 종류 및 특징

종류	특징
압착 이스트	· 촉촉한 상태의 이스트를 옥수수 전분과 함께 압착하여 덩어리지게 만든 것 · 72%의 수분 함유 · 유통기한 5주로 짧고 냉장 보관해야 하지만 빵의 맛을 좋게 함 · 32~38℃의 온수에 분산시켜 반죽에 첨가
활성건조 이스트	· 생이스트를 그대로 과립 상태로 건조시킨 것 · 8%의 낮은 수분 함량으로 실온 밀봉 상태로 6개월, 냉동에서 2년 보관 가능 · 40~46℃의 온도에서 재수화하여 반죽에 사용 · 건조 이스트는 생이스트 무게의 대략 반 정도만 사용
속성팽창건조 이스트	· 이스트를 빠르게 건조한 것으로 활성건조 이스트와 비슷한 특징 · 다공성 막대기 모양의 입자 형태 · 수화 또는 수화하지 않고 그대로 반죽에 첨가 · 빠르게 이산화탄소를 생산하여 발효시간을 약 1시간가량 절약 · 개봉한 것은 밀봉하여 냉장 보관

① 이스트의 작용

밀가루 반죽에 이스트를 첨가하여 일정 온도에서 일정 시간 발효시키면 이스트는 반죽 내의 당을 분해하여 이산화탄소와 에탄올을 생성한다. 반죽은 발효시간 동안 이산화탄소에 의해 크게 부풀고 에탄올에 의해 독특한 냄새를 내게 되며, 빵은 굽는 동안 팽화되어 다공질의 부드럽고 가벼운 빵이 된다.

$$\underset{\text{(당)}}{C_6H_{12}O_6} \longrightarrow \underset{\text{(에탄올)}}{2C_2H_5OH} + \underset{\text{(이산화탄소)}}{2CO_2\uparrow}$$

② 이스트의 성장조건

이스트는 미생물이므로 성장하기 위해 적당한 영양소와 조건, 즉 적당한 당, 온도, pH가 필요하다.

당　이스트는 밀가루에 함유된 당(1%), 첨가된 설탕, 밀가루 전분의 가수분해에 의해 생성된 맥아당을 이용한다. 반죽에 첨가한 설탕은 수크레이스sucrase로 포도당과 과당으로 분해한 후 글루코스를 주로 이용하며, 글루코스나 설탕이 없을 때는 말토스를 이용한다. 반죽에 적당량의 설탕을 첨가하면 발효가 빠르게 일어나지만 과량의 설탕을 사용하면 삼투현상으로 이스트가 탈수되어 발효가 억제된다.

온도　이스트 발효의 최적온도는 27~29℃이다. 43℃가 되면 이스트는 1시간 내에 사멸하여 이산화탄소가 생성되지 않는다. 온도가 높아지면 발효가 빠르게 일어나지만 최적온도보다 높은 온도에선 다른 미생물의 성장도 활발해져 신맛을 내게 된다.

pH　이스트 발효의 최적 pH는 4~6으로 pH 4 이하에서는 이스트 활성이 감소한다. 발효에 의해 생성된 이산화탄소는 물에 쉽게 녹아 반죽의 pH를 유지시켜 발효가 정상적으로 일어나도록 한다.

알고 갑시다

사워 도우sour dough

- 산성반죽으로 젖산균과 초산균에 의한 신맛의 독특한 풍미가 있음
- 주로 호밀가루(밀가루 일정 비율 첨가 가능)를 일정 비율의 물과 혼합해 본종을 일부 남기고 며칠간 호밀가루와 물을 추가하여 만듦
- 곡물가루에 존재하는 야생효모를 증식시켜 발효에 이용
- 주로 무가당 반죽(하드계열 빵)에 사용하고 반죽에 탄력과 신맛 및 풍부한 향미를 부여하며 신선도를 유지하여 부패 방지
- 최근 건강빵에 사워도우를 사용한 천연발효빵 인기

알고 갑시다

우리 막걸리로 만든 떡과 빵류

- 증편, 보리빵, 옥수수 술빵 등은 이스트나 베이킹소다 대신 막걸리를 넣어 발효시킨 향토 먹거리
- 막걸리에는 이스트와 유산균 및 구연산, 젖산, 초산 등의 유기산이 들어 있어 전통 떡과 빵에 새콤한 특유의 맛을 부여함

(2) 화학적 팽창제

화학적 첨가물이 가열이나 화학반응에 의해 이산화탄소를 생성하며 베이킹소다(중탄산나트륨, 중조, 식소다), 베이킹파우더 등이 있다.

① 베이킹소다

중조라고 하는 베이킹소다$NaHCO_3$는 가열하면 이산화탄소를 생성하여 반죽을 부풀게 하지만, 탄산나트륨Na_2CO_3이 생성되어 쓴 맛과 비누 냄새가 나고 빵의 색을 황색이나 갈색으로 변화시킨다. 발효 시 생성된 유기산이나 산이 든 식재료에 의해 탄산나트륨이 중화되어 쓴맛이나 황색으로의 변화가 보완된다.

$$2NaHCO_3 \longrightarrow Na_2CO_3 + H_2O + CO_2 \uparrow$$

탄산나트륨을 중화할 수 있는 유기산을 함유한 식품인 감귤주스(구연산citiric acid), 당밀(아코니트산aconitic acid), 꿀(개미산formic acid), 버터밀크(젖산lactic acid), 식초(초산acetic acid)를 첨가하면 무색, 무미, 무취의 중성염이 형성되어 제품의 질이 좋아진다.

$$2NaHCO_3 + CH_3COOH \longrightarrow H_2O + CO_2 \uparrow + CH_3COONa$$

막걸리도 구연산, 젖산, 초산 등의 유기산이 들어 있어 탄산나트륨을 중화시키고 발효를 도와준다.

② 베이킹파우더

베이킹파우더는 베이킹소다의 단점인 쓴맛, 비누 냄새, 황변 등을 보완하기 위해 중탄산나트륨에 한 종류 이상의 산염이나 산 생성물질 및 전분을 혼합한 것으로 단일반응 베이킹파우더와 이중반응 베이킹파우더로 나뉜다.

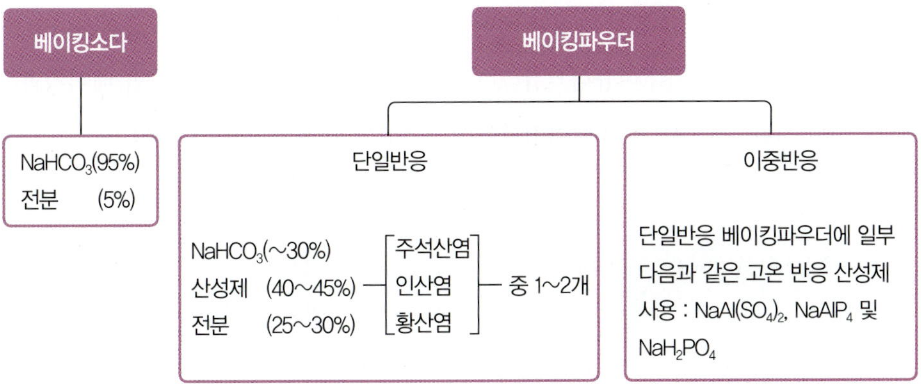

그림 5-4 화학적 팽창제

단일반응single-acting 베이킹파우더 황산알루미늄나트륨SAS을 빼고 일인산칼슘MCP의 배출을 인위적으로 지연시키기 위해 MCP를 코팅함으로써 실온에서는 반응을 하지 않도록 만들었으며 이를 지효성 타입slow-release의 베이킹파우더라 하고 레스토랑이나 베이킹 제조업체에서 주로 사용한다. 종류로는 주석산염 베이킹파우더, 인산염 베이킹파우더, 황산염 베이킹파우더 등이 있으며, 반죽 초기에 이산화탄소를 생성하는 산염을 가지고 있다. 다만, 이산화탄소의 생성이 너무 빨라 반죽의 기공 사이에 결합이 생겨 덩어리지거나 굽는 동안 이산화탄소의 손실이 많아 잘 부풀지 않기 때문에 부피가 작고 표면에 균열이 생기는 단점이 있다.

$$H_2C_4H_4O_6 + 2NaHCO_3 \longrightarrow 2CO_2 + 2H_2O + Na_2C_4H_4O_6$$

주석산 + 중탄산나트륨 → 이산화탄소 + 물 + 주석산나트륨

$$KHC_4H_4O_6 + 2NaHCO_3 \longrightarrow 2CO_2 + 2H_2O + KNaC_4H_4O_6$$

주석영 + 중탄산나트륨 → 이산화탄소 + 물 + 주석산칼륨나트륨

이중반응double-acting 베이킹파우더 두 단계에서 이산화탄소 가스 팽창이 일어나는데 한 번은 베이킹파우더를 반죽에 혼합할 때이고 또 한 번은 굽는 과정에서이다. 이것을 이중작용이라 부르며, 속효성 타입의 베이킹 파우더라고 한다. 제품에는 중탄산나트륨, 일인산칼슘MCP, 황산알루미늄나트륨SAS이 혼합되어 있는 황산염-인산염 베이킹파우더가 있다. 시판되는 대부분의 베이킹파우더는 이중반응 베이킹파우더이다.

$$Na_2SO_4Al_2(SO_4)_6 + 6H_2O \longrightarrow Na_2SO_4 + 2Al(OH)_3 + 3H_2SO_4$$

SAS + 물 → 황산나트륨 + 수산화알루미늄 + 황산

$$3H_2SO_4 + 6NaHCO_3 \longrightarrow 6CO_2 + 6H_2O + 3Na_2SO_4$$

황산 + 중탄산나트륨 → 이산화탄소 + 물 + 황산나트륨

6. 밀가루의 조리

밀가루를 이용한 조리에는 제과, 제빵, 제면 등이 있다. 제과는 주로 박력분과 화학적 팽창제를 이용하여 발효과정 없이 만드는 케이크, 쿠키, 파이, 페이스트리 등을 말하며, 제빵은 강력분을 사용하여 생물학적 팽창제인 이스트의 발효로 빵을 부풀려 만드는 식빵, 하드롤, 베이글 등을 말한다. 면류는 주로 중력분을 사용하며 팽창제를 사용하지 않는다.

1) 튀김옷

튀김옷으로는 글루텐 함량이 적은 박력분을 주로 사용한다. 만약 중력분을 사용해야 할 경우는 밀가루와 바삭함을 주는 전분을 동량 섞어서 사용한다. 바삭한 튀김옷을 만들기 위해서는 찬 그릇에 15℃ 정도의 찬물을 밀가루 무게의 1.5~2배 양으로 혼합하고 밀가루가 듬성듬성 보일 정도로 대충 섞는다. 미리 만들어 놓으면 끈기가 생기므로 튀기기 직전에 만든다. 바삭한 튀김옷을 위한 조건은 다음과 같다.

- 박력분 : 글루텐은 물을 흡수하여 글루텐 망상 구조 안에 물을 가두어 튀김 시 물의 증발을 어렵게 하므로 튀김옷이 두껍고 질겨진다. 따라서 바삭한 튀김을 위하여 밀가루는 글루텐 함량이 적은 박력분을 사용한다. 튀김옷을 반죽할 때는 밀가루에 물을 붓고 젓가락으로 대충 저어 글루텐의 생성을 최소로 한다.
- 달걀 : 튀김옷 제조 시 사용하는 물의 1/3~1/4을 달걀로 대체하면 글루텐 형성이 덜 되며, 달걀 단백질이 열에 응고되면서 수분을 방출시켜 튀김이 단단하고 바삭해진다. 과다 사용 시 튀김옷이 단단해질 수 있다.
- 설탕 : 글루텐을 연화시켜 수분의 증발이 쉬워져서 튀김옷이 연해지고 바삭해지며 마이얄반응이 일어난다.
- 얼음물 : 15℃ 이하의 반죽물 온도에서는 글루텐의 수화가 적고 유리수가 많아져

수분 증발이 잘 되어 튀김이 바삭해진다. 얼음물을 사용하는 것은 실온의 물온도를 낮추기 위한 것이나 너무 온도가 낮은 경우 튀김온도가 낮아져 수분 증발 시까지 시간이 지연되어 밀가루의 수화가 일어나 오히려 튀김이 바삭거리지 않게 된다.

- 중조 : 0.2% 정도의 베이킹소다를 첨가하면 가열에 의해 탄산가스가 발생하면서 동시에 수분도 증발되어 튀김이 바삭해진다.

2) 면류

면류는 글루텐의 점탄성을 이용한 것으로 면이 달라붙거나 건조되는 것을 막아주기 위하여 식용유를 사용하기도 한다. 면류에는 우동면, 소면, 중화면과 같이 반죽을 길게 뺀 신연면, 마카로니와 같이 압출하여 만드는 압출면, 그리고 라면과 같은 즉석면 등이 있다.

(1) 국수

국수는 중력분을 사용하며 적당량의 소금은 글루텐을 강화시키고 반죽에 탄력을 주어 균열을 막아주지만, 과량 사용하면 반죽의 적성이 저하된다.

(2) 중화면

중화면은 강력분이나 준강력분 밀가루로 만들고 알칼리성 물을 첨가하여 글루텐 형성을 촉진하기 때문에 강한 탄력이 있으며 노란색을 띠게 된다. 중화면이 노란색을 띠는 것은 반죽 시 넣는 알칼리성 중조 때문으로 밀가루의 플라보노이드 색소가 황갈색으로 변색된 것이다.

(3) 파스타

스파게티, 마카로니와 같은 파스타는 조금 굵게 제분한 세몰리나와 소금, 물, 달걀, 올리브유 등을 혼합 반죽한 다음 압출·건조시킨 것으로 생파스타와 건파스타가 있으며, 크기와 모양이 다양하다. 스파게티는 끓는 물에 1%의 소금을 넣고 스파게티를 부채 모양으로 펼쳐 면이 달라붙지 않게 알덴테로 삶는다. 삶은 다음 찬물에 헹구거나 기름에 버무리지 말고 체에 받쳐 물기를 뺀 다음 바로 소스에 버무린다.

알덴테al dente
면을 잘랐을 때 가운데 심이 보이는 조금 덜 익은 정도를 말하며 씹었을 때 쫄깃쫄깃함

(4) 라면

일반적인 라면의 제조 공정은 그림 5-5와 같다.

배합 → 제면 → 증숙 → 유탕 → 냉각 → 포장

그림 5-5 라면 제조공정

라면은 중력분 또는 준강력분 밀가루와 소금, 물을 혼합·반죽하여 롤러로 압연하고 제면기로 가늘게 잘라 면발을 만든다. 면발은 95℃ 증기로 2분 정도 쪄서 전분을 호화시킨 다음 1인분씩 성형하여 150~160℃의 기름에서 1~2분 정도 튀긴 후 냉각한다.

알고 갑시다

건면라면이 다이어트에 good?

N사의 일반면과 건면을 예로 들면, 칼로리의 경우 일반면 350 kcal/76 g, 건면 500 kcal/99 g으로 g당 환산하면 오히려 건면이 더 높다. 이는 수프와 오일 소스 때문인 것으로 추측되며, 포화지방은 줄었으나 나트륨은 높은 편이므로 다이어트보다는 포화지방산이 적은 느끼하지 않은 라면이라는 데 의미가 있다.

3) 제과 · 제빵류

(1) 제과류

과자와 같은 제과류는 이스트보다 주로 화학적 팽창제를 사용하여 부풀린다.

① 케이크

케이크cake에는 거품을 이용한 거품케이크와 지방을 이용한 쇼튼케이크가 있다. 두 제품의 차이는 표 5-4와 같다.

표 5-4 케이크의 종류와 특징

분류	특징
거품케이크	· 거품을 이용하여 만든 케이크 · 엔젤케이크, 스펀지케이크, 쉬폰케이크 등
쇼튼케이크	· 지방을 사용하여 만든 케이크 · 레이어케이크, 파운드케이크 등

② 퀵브레드

화학적 팽창제나 수증기로 부풀리는 빵인 퀵브레드quick bread는 다목적밀가루를 사용하고, 액체는 우유, 과일주스, 물, 채소즙을 사용하며, 지방은 좋은 향미를 내는 버터를 사용한다.

③ 페이스트리

페이스트리pastry는 지방의 모양과 공정에 따라 플레인 페이스트리plain pastry와 퍼프 페이스트리puff pastry로 나뉘며 표 5-5와 같다.

표 5-5 페이스트리의 종류와 특징

종류	특징
플레인 페이스트리	· 밀가루와 잘게 자른 고체지방에 소량의 물을 첨가하여 반죽 · 주로 파이 껍질로 사용 · 층이 없으며 켜가 많고 얇아서 연하고 바삭바삭함
퍼프 페이스트리	· 밀가루 반죽으로 반고체의 지방을 싸서 접어 밀기 반복 · 플레인 페이스트리에 비해 부피가 크고 켜가 뚜렷함

④ 비스킷

밀가루의 종류와 재료에 따라 하드 비스킷hard biscuit, 소프트 비스킷soft biscuit, 팬시 비스킷fancy biscuit 등으로 분류하며 그 종류와 특징은 표 5-6과 같다.

쿠키 & 비스킷

건과자, 흔히 미국에서 말하는 쿠키는 영국에서 비스킷이라 함 (출처: 식품과학기술대사전)

표 5-6 비스킷의 종류와 특징

종류	특징
하드 비스킷	· 적은 양의 지방과 설탕 사용 · 중력분이나 강력분 사용 · 제품이 비교적 단단하고 광택이 나며 보존성이 좋아 휴대식량으로 이용
소프트 비스킷	· 많은 양의 지방과 설탕 사용 · 박력분 사용 · 광택은 없고 풍미가 강하며 부드러운 비스킷
팬시 비스킷	· 많은 양의 달걀과 우유 사용 · 중력분 사용 · 장식이 올라간 고급 비스킷으로 질이 매우 부드럽고 감미도 강함

(2) 제빵류

빵류는 화학적 팽창제보다 주로 이스트로 발효하여 부풀린다.

① 식빵류

식빵은 강력분, 이스트, 액체, 지방, 설탕, 소금 등의 모든 재료를 섞어 반죽하는 직접 반죽법straight dough method을 주로 이용하며, 과도한 치대기는 글루텐 형성을 방해하므로 주의한다.

② 단과자빵류

소보로, 앙금빵과 같은 단과자빵은 스펀지 반죽과 본 반죽을 만들어 두 번에 나누어 반죽하는 스펀지법sponge method을 이용하며, 이 방법은 이스트 사용량을 줄여 가볍고 향미가 좋은 빵을 만든다. 먼저 밀가루의 일부와 액체, 이스트를 섞고 가볍게 치대어 4~5시간 발효시켜 스펀지를 만든 다음 나머지 밀가루와 설탕, 소금, 지방을 넣고 다시 치대어 발효시킨다.

4) 기타

밀가루 반죽을 얇게 펴서 만두피를 만들거나 맑은장국에 밀가루 반죽을 얇게 떼어 넣어 수제비를 만들기도 한다. 매작과와 약과 같은 우리나라 전통 한과 제조 시에도 밀가루를 사용하며, 현대인의 간편식인 시리얼 제조에도 이용된다.

단원정리

다음의 내용을 이해하셨나요?

1. 글루텐 함량에 따른 밀가루의 종류
2. 밀가루의 제조과정
3. 밀가루의 성분
4. 밀가루의 조리 특성 : 글루텐 형성
5. 팽창제의 종류
    - 물리적 팽창제 : 공기, 수증기
    - 생물학적 팽창제 : 이스트
    - 화학적 팽창제 : 베이킹소다, 베이킹파우더

CHAPTER 6

콩류

1. 콩류의 구조와 성분 | 2. 콩류의 종류 | 3. 콩류의 조리원리 | 4. 콩류의 조리

학습목표

- 콩류의 영양적 가치에 대해 설명할 수 있다.
- 대두에 함유되어 있는 특수성분의 종류와 특징에 대해 설명할 수 있다.
- 콩가공품들을 이해하고 설명할 수 있다.

콩류는 환경에 대한 적응력이 뛰어나 재배하기가 쉽고 생육기간이 짧으며 뿌리에 기생하는 박테리아에 의해 토양을 비옥하게 하는 작물이다. 콩류는 자라면서 꼬투리가 생기고 그 안에 종자가 만들어지는데 이것이 우리가 먹는 콩이다. 우리나라에서 콩은 쌀, 보리, 조, 기장과 함께 오곡에 속할 뿐 아니라 양질의 단백질과 지질을 공급하는 중요한 작물이다.

1. 콩류의 구조와 성분

콩류는 전체 콩 무게의 약 8%가 종피(껍질)이며, 약 2%가 배축 그리고 나머지 약 90%가 자엽으로 이루어져 있다. 우리가 주로 먹는 부분이 자엽이며 배축은 뿌리줄기가 된다. 콩류의 껍질은 대부분이 섬유질과 가용성 무질소물이고, 자엽은 약 40% 이상의 단백질과 약 20%의 지질로 이루어져 있다. 콩류는 곡류보다 약 2~5배나 더 많은 양질의 단백질을 함유하고 있어서 과거부터 우리나라 사람들의 중요한 영양 공급원이 되었다.

콩류는 함유되어 있는 영양소의 구성성분에 따라 몇 가지로 분류가 되는데 단백질과 지질 함량이 높은 땅콩 · 대두, 단백질과 탄수화물이 많은 팥 · 녹두 · 완두 · 강낭콩 그리고 비타민과 수분의 함량이 높아 채소처럼 활용되는 미숙한 종자인 풋콩 · 풋완두 등이 있다.

1) 탄수화물

대두의 탄수화물은 소화가 되지 않는 식이섬유가 대부분이며 전분은 약 0.1~0.2% 정도이다. 대두는 유당을 전혀 함유하지 않기 때문에 유당불내증이 있는 사람들을 위한 우유 대체품인 두유로 활용된다. 땅콩에는 대두와 마찬가지로 탄수화물이 약 30%이지만 주로 전분이다. 그 외의 콩류는 탄수화물을 약 40% 함유하고 있다. 콩류에 함유되어 있는 아밀로스와 아밀로펙틴의 비율은 곡류와 마찬가지로 2 : 8 정도이지만, 강낭콩은 아밀로스가 약 30% 이상이다.

알고 갑시다

대두 식이섬유의 효능

대두에 함유되어 있는 식이섬유는 장기능 개선, 콜레스테롤 배출 촉진, 당뇨 환자의 혈당 상승과 인슐린 분비 억제 등의 역할을 한다.

2) 단백질

콩류에서 20~40% 정도를 차지하는 단백질에는 아이소루신, 루신, 페닐알라닌, 트레오닌과 발린 등의 필수아미노산이 풍부하지만, 메싸이오닌과 시스테인 등의 함황아미노산은 부족하다. 특히 콩에는 곡류의 제한 아미노산인 라이신이 풍부하고 곡류에는 콩에 부족한 메싸이오닌이 많기 때문에 곡류와 콩의 혼식은 영양적으로 매우 바람직하다. 대두 단백질에는 글로불린에 속하는 글리시닌이 약 84%로 대부분을 차지하는데 이것은 혈중 콜레스테롤의 농도를 저하시키고 관상동맥경화증과 골다공증을 예방하는 역할을 한다.

알고 갑시다

콩과 쇠고기의 단백질

단백질 품질평가법인 PDCAASProtein Digestibility Corrected Amino Acid Score법에 의하면 콩 단백질은 PDCAAS 값 1.0으로 우유, 달걀과 함께 모든 아미노산 요구량을 만족하는 데 비해 쇠고기는 PDCAAS 값이 0.92이다. 또한 대두 단백질은 혈중 콜레스테롤 개선에 도움을 주므로 식품의약품안전처에서는 하루 15 g 이상의 섭취를 권고한다.

3) 지질

콩류는 대부분 지질 함량이 낮아 약 2% 내외이지만, 대두에는 약 18%, 땅콩에는 약 50%가 존재한다. 대두의 지질은 약 80% 이상이 불포화지방산이며 리놀레산이 약 50%, 올레산이 약 25%, 리놀렌산이 약 7% 등으로 지방산 조성이 매우 우수하다. 또한 콩에는 유화에 중요한 역할을 하는 레시틴이 약 0.2% 함유되어 있다.

4) 비타민과 무기질

콩류에는 비타민 B군이 곡류에 비해 많지만 비타민 C는 풋콩이나 풋완두를 제외하면 거의 없다. 무기질로는 칼륨이 가장 많고 인, 칼슘과 마그네슘 등도 풍부하다.

5) 특수 성분

(1) 아이소플라본

아이소플라본isoflavone은 플라보노이드계 물질로 여성호르몬인 에스트로겐과 비슷한 구조와 활성을 나타내며 항암작용, 동맥경화 예방, LDL-콜레스테롤 저하, 갱년기 증상과 골다공증을 완화시킨다. 아이소플라본은 콩류 중에서 대두에 가장 많이 들어 있으며 산지에 따라서 함량에 차이가 있는데 외국산에 비해 국내산 대두에 아이소플라본이 더 많이 함유되어 있다.

(2) 트립신 저해제

생콩에 함유되어 있는 트립신 저해제trypsin inhibitor는 단백질 분해효소인 트립신의 작용을 방해하여 콩의 소화·흡수를 저해한다. 또한 트립신 저해제는 대장·구강·간·식도암 등의 예방과 치료에 효과가 있으며, 혈당 상승을 막고 혈액 내 지질 개선작용도 한다.

(3) 사포닌

사포닌saponin은 대두나 팥을 물에 담그거나 삶을 때 거품이 생기게 하는 성분이다. 사포닌은 항산화물질로 지방산의 산화와 활성 산소의 활동을 억제하며 노화를 지연시킨다. 또한 사포닌과 섬유질은 장을 자극해 배변이 잘되게 하지만, 사포닌은 한꺼번에 많이 먹었을 때 설사를 유발한다.

(4) 헤마글루티닌

헤마글루티닌hemmaglutinin은 적혈구를 응집시키는 당단백질로 콩류에 존재하는 독성 물질이지만 가열하면 분해되어 독성을 잃는다.

(5) 색소

대두의 노란색은 안토잔틴과 카로테노이드 색소에 의한 것이며 검정콩, 강낭콩, 팥 등의 검은색 또는 진한 자주색은 안토사이아닌 색소, 녹두와 완두의 푸른색은 클로로필 색소에 의한 것이다.

알고 갑시다

콩의 아이소플라본을 효과적으로 섭취하려면?

콩 발효식품에는 아이소플라본이 가수분해된 형태로 존재하므로 체내 흡수가 잘된다. 따라서 콩은 된장이나 청국장 등으로 먹는 것이 더 효과적이다.

2. 콩류의 종류

1) 대두

대두는 껍질의 색에 따라 노란콩, 검은콩, 푸른콩 등으로 분류한다.

① 노란콩

노란콩은 일반적으로 대두라 불리는 것으로 황대두, 메주콩, 백태라고도 하는데 메주의 원료가 되며 두부, 된장, 간장, 콩기름 등을 만들 때 사용된다. 노란콩은 아이소플라본, 레시틴, 토코페롤 등의 생리활성물질이 풍부하여 갱년기 증상 완화, 항암작용과 성인병 예방 등에 효과가 있다.

② 검은콩

검은콩은 서리태 또는 흑태하고도 하는데 특정한 한 종류의 콩뿐만 아니라 검은색을 띠는 콩을 통칭한다. 검은콩은 안토사이아닌 성분이 일반 콩에 비해 약 4배나 많아 탈모를 비롯한 노화 지연작용이 탁월하며, 그 외 성인병 예방과 다이어트 효과도 있다. 밥에 넣어 먹거나 떡, 콩자반, 검은 두부 등으로 이용한다.

"이런 숙맥 같은 놈!"
이때 숙맥菽麥은 콩과 보리를 말하며, 콩과 보리도 구분하지 못하는 어리석은 사람이라는 뜻

③ 푸른콩

푸른콩은 청대두, 청태콩이라고도 하며 노란콩과 성분은 비슷하지만 껍질과 속이 모두 푸른색을 띠는 것이 특징이며 비타민 C가 많아 피부미용에 좋다. 풋콩은 미숙한 푸른콩을 말하는데 꼬투리째 삶아 먹거나 통조림 등으로 가공한다. 풋콩은 조리 전 굵은 소금으로 껍질을 씻으면 이물질을 제거할 수 있으며, 약 2%의 소금물에 삶으면 색이 선명해지고 콩 특유의 냄새도 없앨 수 있다.

2) 팥

팥은 약 68%의 탄수화물과 약 20%의 단백질 등으로 이루어져 있다. 곡류 및 콩류 중에서 싸이아민이 가장 많이 들어 있는 팥은 탄수화물의 소화・흡수를 돕고, 피로감 개선, 기억력 감퇴 예방작용이 있다. 또 항산화제가 풍부하고, 식이섬유 또한 많아서 혈당의 급격한 상승을 막아주기 때문에 당뇨병에도 좋은 식품이다. 팥은 밥에 넣어서 먹거나 팥죽, 시루떡, 팥빵과 팥빙수 등으로 쓰인다.

3) 녹두

녹두에는 탄수화물이 약 53% 함유되어 있고 그 외 단백질이 약 25%, 지방은 약 1% 정도 들어 있다. 필수아미노산으로는 루신, 라이신과 발린이 풍부하다. 녹두의 껍질에는 항산화 효과가 탁월한 비텍신vitexin과 아이소비텍신isovitexin이 들어 있어 껍질을 벗기지 않고 먹는 것이 좋다. 녹두는 청포묵, 녹두죽, 떡고물, 떡소, 빈대떡 등으로 이용되고 발아시켜 숙주나물로도 활용한다.

4) 완두

완두는 탄수화물이 주성분으로 단맛이 뛰어나고 단백질, 싸이아민을 비롯한 비타민과 식이섬유가 풍부하다. 미숙할 때 꼬투리째 삶아 먹는 풋완두에는 비타민 C가 많아 채소처럼 먹는다. 완두는 주로 밥에 넣어 먹거나 떡, 과자나 빵 등에 이용된다.

5) 강낭콩

강낭콩에는 탄수화물이 약 60%, 단백질 약 20%로 구성되어 있는데 탄수화물은 대부분이 전분이다. 엽산, 철, 망간, 인 등의 무기질과 비타민 B군의 함량이 많다. 강낭콩은 밥에 넣어 먹거나 떡소, 떡고물, 양갱 등으로 쓰인다.

6) 땅콩

땅콩은 낙화생이라고도 하며 콩류 중에서 특이하게도 땅속에서 종자가 맺힌다. 땅콩에는 지방이 약 50%, 단백질이 약 30% 정도 들어 있어서 고지방 · 고단백 식품으로 열량도 매우 높다. 땅콩에는 필수지방산인 아라키돈산이 풍부하고 올레산과 리놀레산도 소량 함유되어 있으며 칼슘, 철, 토코페롤의 함량이 많다. 땅콩은 볶거나 쪄서 간식으로 먹기도 하고 땅콩버터, 제과용, 땅콩기름, 윤활유 등에 쓰인다.

3. 콩류의 조리원리

1) 흡수성

콩류는 수분이 10~16%인 상태로 저장되기 때문에 조직의 연화와 조리시간 단축을 위해 팥을 제외하고는 미리 물에 불린 후 사용한다. 콩류의 흡수속도는 콩의 종류, 저장기간, 보존 상태, 온도 등에 따라 차이가 나는데 처음에는 빠르게 흡수가 일어나지만 일정 시간 후부터는 흡수속도가 느려지고 오히려 수용성 성분의 용출이 일어나므로 너무 오랫동안 물에 담가 두는 것은 좋지 않다. 표피 전체로 물을 흡수하는 대두는 약 5~6시간이 지나면 콩 무게 90% 이상의 물이 흡수되지만, 팥은 표피가 단단하고 표피의 작은 구멍을 통해서만 흡수가 일어나기 때문에 20시간 이후 최대 흡수량에 도달된다. 수온이 높을수록 최대 흡수량에 도달하는 시간이 짧아지지만 따뜻한 물에서는 미생물이 번식하기 쉽고 콩의 맛과 향도 줄어들기 때문에 따뜻한 물에 불리는 것은 바람직하지 않다.

대두의 조리시간을 줄이기 위해서는 약 0.3%의 중조 또는 약 1%의 소금물에 미리 불렸다가 사용하는 방법이 있다. 대두를 소금물에 불린 후 가열하면 대두의 주단백질인 글리시닌이 소금물에 용해되어 부드러워지고 열에 의해 식이섬유도 쉽게 연화된다. 또 중조를 첨가한 약알카리성 용액에 대두를 불렸다가 가열하면 헤미셀룰로스와 펙틴질이 연화되고 팽윤되면서 조직이 부드러워진다. 그러나 많은 양의 중조는 대두에 함유되어 있는 싸이아민을 파괴하고 쓴맛이 나게 하므로 주의한다.

알고 갑시다

팥을 삶을 때 껍질이 잘 터지는 이유?

팥을 콩처럼 미리 물에 불렸다가 삶았기 때문이다. 이것은 팥의 껍질이 물을 흡수하기 전에, 표면의 작은 구멍을 통하여 들어온 물을 내부의 전분이 먼저 흡수하고 팽윤되어 결국 껍질이 터져 버린다. 따라서 팥은 불리지 않고 바로 가열조리하는 것이 좋다.

2) 용해성과 응고성

글리시닌은 비교적 열에 안정하지만 가열 시 변성되어 응고에 관여한다. 산은 용액의 pH를 단백질의 등전점pH 4~5까지 낮추어 글리시닌 등의 대두 단백질을 응집・응고시키며, 염류는 금속이온Ca^{2+} Mg^{2+}이 단백질의 음전하를 중화시켜 이온 결합을 형성함으로써 응고를 일으킨다. 이러한 단백질의 성질을 이용하여 두유를 응고시킨 것이 두부이다. 이때 사용하는 응고제로는 칼슘염$CaSO_4$, $CaCl_2$, 마그네슘염$MgCl_2$, 글루코노델타락톤glucono-δ-lactone 등이 있다.

사용하는 응고제 종류에 따라 두부의 질감이 달라지며표 6-1 응고제 사용량은 대두 무게의 약 1~2% 정도가 적당하다. 두부는 가열온도가 높을수록, 응고제의 양이 많을수록 단단하게 만들어진다.

알고 갑시다

지하수로 대두를 조리하면?

지하수와 같은 경수(센물)로 대두를 조리하면 경수의 칼슘이온과 마그네슘이온이 펙틴과 결합하여 대두의 연화를 방해하기 때문에 연수를 사용하는 것이 좋다.

표 6-1 두부 제조용 응고제의 종류와 특성

종류	응고제	특징
염	염화마그네슘	• 수용성 • 간수의 주성분으로 대두의 맛을 가장 잘 살리는 응고제 • 반응속도가 빠르고 압착시 물이 잘 빠짐 • 유부 등 보수성이 적은 제품에 적합
	황산칼슘	• 난용성 • 반응 속도가 느려 사용이 쉽고 가격이 저렴 • 표면이 거칠고 응고제가 남아 풍미가 덜함 • 판두부 제조에 적합
	염화칼슘	• 수용성 • 사용이 편리하고 물 빠짐이 좋음 • 풍미가 덜함 • 튀김두부용에 적합
산	글루코노델타락톤	• 수용성(글루콘산으로 천천히 가수분해되어 pH를 점진적으로 낮춤) • 보수력이 좋아 표면이 매끄럽게 완성 • 산 응고로 인해 신맛이 남 • 포장두부, 벌크 연두부 제조용에 적합

알고 갑시다

두부와 간수

간수는 두부를 만드는 과정에서 흩어져 있는 두부를 엉기게 하는 단백질 응고제이다. 과거에는 바닷물을 간수로 많이 사용해 왔지만 해양오염 등으로 인해 현재는 사용이 금지되었고, 간수에서 염화마그네슘만 분리한 식품첨가제를 두부 제조에 활용하기도 한다.

3) 기포성

대두나 팥에는 사포닌이 함유되어 있어 삶을 때 거품이 생긴다. 이 거품을 제거하기 위하여 사용되는 것이 소포제anti-foamer이다. 가정에서는 소포제로 소량의 들기름 등을 첨가하지만 공장에서 대량으로 생산할 때는 실리콘수지를 사용한다. 식품첨가물로의 실리콘수지는 허용량이 엄격히 제한되어 있고 최종 제품에는 거의 잔존하지 않는다. 소포제는 간장, 청주, 맥주 등에도 사용된다.

알고 갑시다

팥 삶은 물에는 독성이 있다?

팥을 삶을 때 생기는 거품은 사포닌 때문인데 이것을 많이 섭취하면 설사를 일으킨다. 따라서 팥 삶은 물에 독성이 있어서 버려야 한다는 것보다 용출된 사포닌을 버린다는 의미이다.

4. 콩류의 조리

콩류는 종류에 따라 영양성분의 차이가 있기 때문에 가열방법을 달리하는 것이 좋다. 지방과 수분 함량이 많고 조직이 연한 땅콩은 가열에 의한 지방 유출을 줄일 수 있는 건열조리법이 적합하고, 대두 · 팥 · 녹두 · 완두 · 강낭콩 등 단단하면서 당질이 많은 콩류는 수분을 흡수하여 당질이 호화되어야 하므로 습열조리법이 좋다. 콩류는 단백질의 체내 이용을 떨어뜨리는 트립신 저해제, 적혈구를 응집시키는 헤마글루티닌 등의 유해물질이 함유되어 있는데 이러한 물질은 가열에 의해 변성되어 불활성화된다. 또한 생콩은 조직이 치밀하여 소화 · 흡수가 잘되지 않으므로 여러 가지로 가공하면 소화 · 흡수율을 높일 수 있다. 콩류 가공품의 소화 · 흡수율은 표 6-2와 같다.

표 6-2 콩류 가공품의 소화 · 흡수율 (단위 : %)

종류	소화율	종류	소화율
간장	98	콩가루	83
두부	95	콩자반	68
두유	95	볶은 콩	60
된장	85	비지	60

1) 된장

(1) 재래식 된장

된장의 주원료는 대두이며 고초균*Bacillus subtilis*에 의해 메주의 숙성과 발효가 일어나는데 이것은 물, 햇빛, 공기에 의해 활발히 작용한다. 대두로 메주를 띄워 소금물에서 약 한 달간 발효시킨 후 메주덩어리를 걸러 내어 간장을 만들고, 남은 고형분에 소금을 첨가하여 숙성시킨 것이 재래식 된장이다. 재래식 된장은 메주를 자연 발효시키는 과정에서 유해한 곰팡이가 생길 수 있으나 발효과정이나 메주를 씻는 동안 모두 사라진다.

재래식 된장에는 막된장과 토장이 있는데 막된장은 소금물에 담가 간장을 뽑고 난 메주로 만든 것이고 토장은 간장을 뽑지 않고 그대로 만든 장이다.

알고 갑시다

된장 끓이기

재래식 콩된장은 오래 끓일수록 맛이 좋아지는데 이것은 끓이는 동안 단백질 분해가 일어나기 때문이다. 그러나 개량식 된장은 전분이 많이 들어 있어서 오래 끓이면 시큼한 맛이 나기도 하므로 오래 끓이지 않고 바로 먹는 것이 좋다.

재래식 메주 만들기 재래식 메주는 알이 굵고 벌레 먹지 않은 햇콩을 골라 불린 후 5시간 이상 삶은 다음 절구에 찧어서 벽돌형, 정방형, 또는 타원형으로 모양을 만들어 굳힌다. 굳은 덩어리를 짚으로 엮어 매달아 두면 습기가 남아 있는 안쪽부터 발효가 시작되는데, 이때 단백질분해효소와 전분분해효소가 분비되면서 콩의 성분이 분해된다. 이듬해 봄에 메주를 담요 등으로 덮어 보온하여 후발효를 한 다음 햇볕에 말려 표면의 이물질과 곰팡이를 씻으면 재래식 메주가 된다그림 6-1.

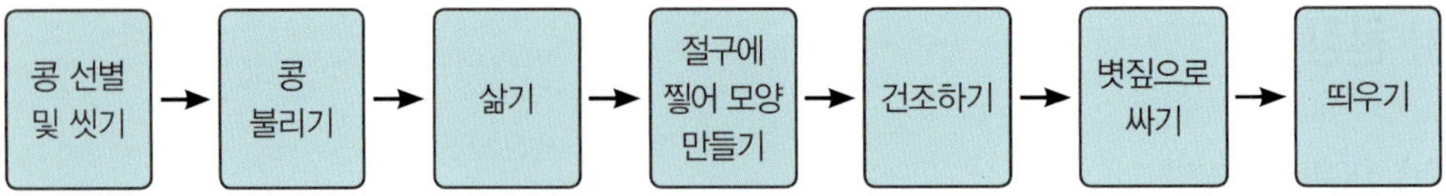

그림 6-1 메주 만들기

알고 갑시다

좋은 메주 고르는 법

- 겉은 말라 있고 붉은색이 섞인 노르스름한 색을 띠는 것
- 속은 말랑하고 쪼갠 면이 검붉은색을 띠는 것
- 곰팡이는 흰색과 노란색인 것

(2) 개량식 된장

개량식 된장은 재래식과 일본식을 혼용해서 공장에서 대량 제조한 것이다. 대두와 소맥분 또는 쌀, 보리쌀을 혼합하여 재래된장에 쓰이는 고초균과 일본된장에 쓰는 황국균*Aspergillus oryzae*을 사용하여 만든다. 고초균을 대두에 접종하여 메주를 만들고, 쌀·보리·밀 등의 전분질에 황국균을 배양한 누룩을 만들어 소금과 물을 섞어 숙성시킨다.

개량식 된장은 당화가 많이 되어 재래식 된장에 비해 단맛이 많다. 재래식 된장과 개량식 된장의 차이점은 표 6-3과 같다.

표 6-3 재래식과 개량식 된장의 차이점

재래식 된장	개량식 된장
• 곰팡이, 효모, 세균의 상호작용으로 발효 • 자연의 여러 복합균에 의한 발효 • 효능이 뛰어나지만 잡균 번식 우려 • 균일한 제품이 만들어지기 어렵고 만드는 시기도 한정적	• 고초균과 황국균에 의한 발효 • 배양하여 접종시킨 단일 균 • 효능은 떨어지지만 위생적 • 균일한 제품 생산으로 대량생산 가능

개량식 메주 만들기 개량식 메주는 재래식 메주의 제조방법을 개량하여 만든 것으로 황국균을 인공 접종시켜 메주의 품질을 개선하고 제조기간을 단축시켰다. 개량식 메주의 종류에는 덩어리메주, 콩알메주, 국수형 메주 등이 있다표 6-4.

표 6-4 개량식 메주의 종류와 특징

종류	특징
덩어리 메주	• 대두를 18~30시간 불려서 삶은 후 식힘 • 황국균을 혼합하고 찧어서 일정한 모양으로 만들어 약 20~25℃에서 띄움 • 곰팡이가 덮이면 말려서 메주로 사용
콩알 메주	• 황국균을 접종한 대두를 국상자에 3 cm 두께로 담고 약 30~35℃로 6~12시간 보온 • 흰색의 균사가 덮이면 콩알이 떨어지도록 헤쳐서 약 20~30℃에서 3~4일 발효 • 곰팡이가 생기면 이를 건조시켜 사용
국수형 메주	• 동일한 방법으로 접종하여 삶은 콩을 마쇄, 압출시켜 가락으로 뽑음 • 국상자에 담아서 콩알메주와 같은 조건으로 띄우고 건조시켜 사용

(3) 속성식 된장

속성식 된장은 오래 발효시키지 않고 속성으로 담가 먹는 장으로 막장, 집장 등 지방에 따라 다양한 이름으로 불리며 여러 가지 방법으로 만들고 있다. 메주를 가루내어 담갔다가 10일 정도 지나면 먹을 수 있는 막장, 가루를 낸 메주에 고춧가루와 소금을 넣고 2~4일 숙성시킨 담북장, 채소와 엿기름을 메줏가루와 버무려 7~8시간 후 먹는 집장 그리고 삶은 콩을 2~3일 발효시켜 마늘과 고춧가루를 넣고 찧어 만든 청국장 등이 있다.

청국장균의 최적 발효 온도 : 약 40~42℃

그중 가장 대표적인 속성식 된장인 청국장은 특이한 냄새가 있지만 영양적으로 아주 우수한 식품이다. 콩 표면에 실 같은 점액성 물질이 만들어지는데 이것은 글루탐산이 중합된 폴리펩타이드와 과당이 중합된 프럭탄의 혼합물로 칼슘의 흡수를 촉진한다. 청국장에는 단백질분해효소와 전분분해효소가 있어서 소화도 잘된다.

2) 간장

간장은 콩으로 메주를 쑤어 소금물에 담가 숙성시킨 뒤 메주를 건져 낸 생간장을 여러 번 달여 미생물과 효소를 불활성화시켜 더 이상 발효가 진행되지 않도록 살균한 다음 농축을 한 조미료이다. 간장은 숙성되는 동안 콩 단백질, 전분질, 지방 등이 분해하여 생긴 아미노산, 유기산, 유리당 등이 혼합되어 독특한 향과 맛을 내며 마이얄반응에 의해 진한 갈색을 띤다.

한식 양념으로 흔히 쓰는 국간장은 담근 지 1~2년 된 맑은간장으로 주로 국에 많이 사용한다. 3~4년 된 중간장은 찌개나 나물용으로, 5년 이상 되어 색이 진하고 단맛이 나는 진간장은 조림, 육포 등에 주로 이용한다. 간장은 제조방법에 따라 재래식 간장, 개량식 간장, 산분해간장, 효소분해간장, 혼합간장 등이 있다표 6-5.

표 6-5 제조방법에 의한 간장의 종류

종류	특징
재래식 간장(조선간장, 메주간장, 국간장)	메주를 소금물에 담가 30~40일간 충분히 우린 후 그 액을 체로 걸러서 달인 것
개량식 간장(양조간장)	대두, 탈지대두, 곡류 등에 누룩균을 배양하여 소금물 등을 섞어 발효, 숙성시킨 후 그 액을 가공한 것
산분해간장(아미노산간장)	단백질을 함유한 원료를 염산으로 가수분해한 후 탄산소다로 중화시켜 얻은 아미노산액에 색, 맛, 향을 내기 위해 첨가물을 섞은 것
효소분해간장	단백질을 함유한 원료를 효소로 가수분해한 후 그 액을 가공한 것
혼합간장	재래간장 또는 양조간장에 산분해간장 또는 효소분해간장을 혼합하여 가공한 것

3) 고추장

메줏가루에 질게 지은 밥이나 떡가루 또는 되게 쑨 죽을 버무리고 고춧가루와 소금물을 섞어서 간을 맞춘 뒤 발효시킨 우리나라 고유 장류이다. 간장이나 된장은 상고시

대부터 있던 것으로 추측되나, 고추장은 고추 수입 이후에 개발된 것으로 간장이나 된장보다는 늦게 우리 식생활에 들어왔다. 탄수화물의 가수분해로 생긴 단맛과 콩단백 아미노산의 감칠맛, 고추의 매운맛, 소금의 짠맛이 잘 조화를 이룬 조미료이다.

4) 미소

미소는 일본의 대표적인 양조 조미료로 콩을 쪄서 쌀, 밀 또는 메주를 소금과 함께 섞은 후 발효시킨 것이다. 미소는 쌀누룩, 보리누룩, 콩누룩 등 누룩의 종류에 따라 세 가지로 분류되지만 쌀누룩이 가장 일반적이다. 우리나라의 된장보다 색이 연하고 부드러우며 짜지 않은 것이 특징이다. 주로 국으로 활용하는데 미소는 색에 따라 백미소, 적미소, 혼합미소로 구분한다.

알고 갑시다

효과적인 미소국 끓이기

미소의 유산균은 50℃ 이상에서 서서히 사멸하고, 효모도 70℃에서 전멸한다. 따라서 물이 끓었을 때 바로 미소를 넣지 말고 50℃ 이하로 식힌 후 풀어넣는 것이 좋다.

5) 낫토

청국장과 비슷한 일본의 낫토는 낫토균*Bacillus natto*을 배양한 종균을 이용한 것으로 끈적거리는 점액물질이 많이 생성되는데 이 점질은 혈전 용해작용이 높아 건강식품으로 알려져 있다. 주로 간장, 겨자, 김 등과 같이 섞어서 먹는다.

6) 두부

두부는 필수아미노산이 많이 함유되어 있고 소화 · 흡수율도 높아 한국인의 중요한 단백질 급원이 되어 왔다. 두부는 만드는 방법에 따라 종류가 다양한데 일반두부 외에 연두부, 순두부, 전두부, 튀김두부, 동결두부, 기능성두부 등이 있다표 6-6.

표 6-6 제조방법에 따른 두부의 종류

종류	특징
연두부	물을 완전히 빼지 않고 굳힌 것으로 조직이 매우 부드러움
순두부	콩물이 멍울멍울하게 응고되었을 때 그대로 웃물과 함께 떠서 먹는 것
전두부	콩에 약 5~5.5배 정도의 물을 넣어 진한 두유를 만들고 응고제를 넣어 두유 전부를 응고시킨 것으로 탈수하지 않아 두유의 영양소가 전부 함유된 것
튀김두부	물기를 뺀 두부를 튀긴 것
동결두부	두부를 동결, 해동 후 탈수 건조한 것
기능성두부	기능성 성분을 첨가하여 만든 것

7) 두유

콩을 충분히 불려 물과 함께 간 다음 끓여 걸러서 만든 것으로 우유와 유사한 콜로이드성 식품이다. 두유는 우유에 비해 칼슘, 비타민 A, 코발라민cobalamin, 메싸이오닌은 부족하나 유당이 함유되어 있지 않아 소화가 잘되므로 특히 유당불내증 환자에게 유익하다. 두유를 만들 때 콩을 덜 삶으면 비린내가 나기 쉽다.

8) 콩자반

콩자반은 콩류에 조미액을 첨가하여 가열하는 대표적인 음식이다. 부드러운 콩자반을 만들기 위해서는 먼저 콩을 5~6시간 동안 물에 담가 건조 시 무게의 약 2배가 되도록 한다. 여기에 물을 넣고 가열하여 콩이 물러지면 조미액을 2~3회로 나누어 넣는다. 조미액을 한꺼번에 다 넣게 되면 삼투압에 의한 탈수가 일어나 콩이 단단해진다.

9) 콩나물

콩나물은 대두의 싹을 틔운 것으로 과거 채소를 구하기 어려웠던 겨울철에 비타민 C의 중요한 급원이었다. 발아과정에서 비타민 C뿐만 아니라 아스파라긴산과 글루탐산 등의 아미노산 함량이 증가한다. 아스파라긴산은 아미노산의 일종인 아스파라긴으로부터 만들어지며 알코올 섭취로 인해 체내에 생성되는 아세트알데하이드를 줄여주는 작용을 한다. 콩나물 뿌리에 많이 들어 있기 때문에 조리 시 뿌리를 제거하지 않는 것이 좋다.

알고 갑시다

콩나물국을 끓일 때 중간에 냄비뚜껑을 열면 안 되는 이유?

비린내의 원인이 되는 리폭시제네이스는 열에 의해 불활성화되므로 100℃에서 5~10분 가열해야 콩나물국의 비린내를 줄일 수 있다. 따라서 리폭시제네이스가 불활성화될 때까지 냄비 뚜껑을 열면 안된다.

단원정리

다음의 내용을 이해하셨나요?

1. 콩류의 식품학적 가치
2. 콩류의 단백질과 특수성분
3. 조리 시 콩류의 조리적 특성
   - 흡수성
   - 용해성과 응고성
   - 기포성
4. 콩류 가공품의 특징

7

CHAPTER

육류

1. 육류의 구조 | 2. 육류의 성분 | 3. 육류의 부위와 특징
4. 사후경직과 숙성 | 5. 육류의 조리원리 | 6. 육류의 조리

학습목표

- 육류의 구조를 설명할 수 있다.
- 육류의 부위와 특징을 설명할 수 있다.
- 사후경직과 숙성과정을 설명할 수 있다.
- 다양한 조리방법(건열조리, 습열조리, 복합조리)의 종류 및 특징을 설명할 수 있다.

육류에는 동물성 단백질의 중요한 급원인 동시에 지질, 무기질, 비타민이 골고루 들어 있다. 육류에는 소고기, 돼지고기, 양고기, 염소고기, 닭고기, 오리고기, 칠면조고기 등이 사용된다.

1. 육류의 구조

육류의 조직은 근육조직, 결합조직, 지방조직, 골격, 내장 및 부산물로 구성되어 있다.

1) 근육조직

동물의 근육은 식품으로 이용되는 횡문근striated muscle과 평활근smooth muscle으로 크게 나뉘며, 횡문근에는 골격에 연결되어 있는 골격근skeletal muscle과 심장을 구성하는 심근cardiac muscle이 있다. 근육의 수축과 이완 작용의 원리에 따라서 수의근과 불수의근으로 나뉘며, 식용의 주요 부분은 횡문근인 골격근이며, 수의근이라고도 한다. 식육의 주요 부분은 횡문근으로 근육조직의 세부 구조는 그림 7-1과 같다.

2) 결합조직

결합조직은 근섬유와 근섬유를 둘러싸거나, 근속을 서로 결합하거나 근육을 뼈에 연결한다. 뿐만 아니라 근육이나 장기를 다른 조직과 결합하며, 조직이 단단하여 고기의 경도와 품질을 좌우한다. 따라서 결합조직이 많고, 동물의 연령이 높을수록 질기다. 결합조직은 콜라겐collagen과 엘라스틴elastine, 레티쿨린reticulin으로 나뉜다. 콜라겐은 백색이며 직선상의 가는 섬유상으로 물을 넣어 오랜 시간 가열하면 수용성의 젤라틴으로 되면서 졸sol 형태로 변한다. 예로 족편, 도가니탕 등을 들 수 있다. 엘라스틴은 탄성섬

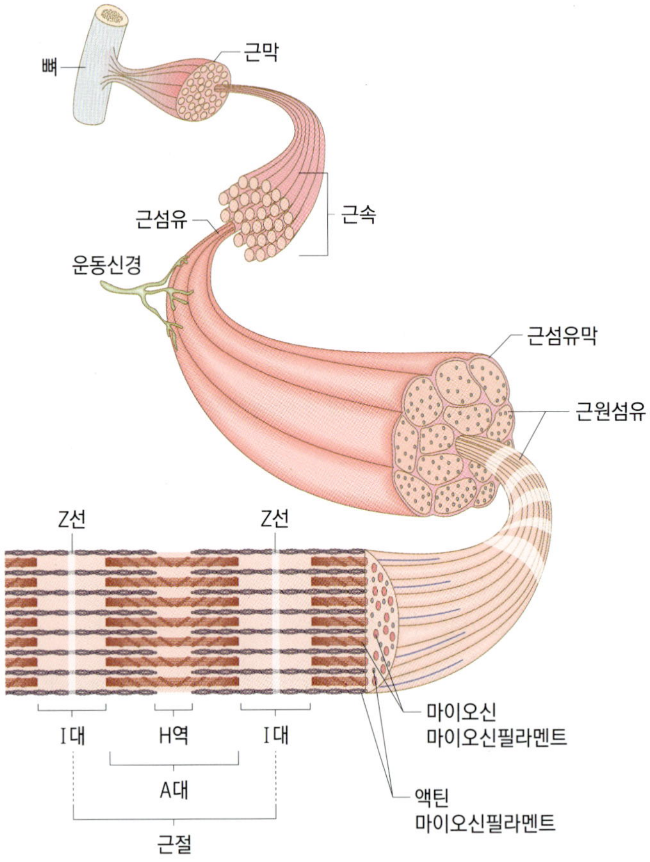

그림 7-1 근육조직의 세부 구조

유로 황색을 띠며 보통의 조리온도에서는 영향을 받지 않는다.

3) 지방조직

지방조직은 피하, 복부, 장기, 근육 등에 분포하며 동물의 종류에 따라 차이를 보여, 소는 피하와 근육 사이에, 돼지는 피하에 지방조직이 존재한다. 지방세포의 크기는 동물의 영양 상태에 따라 다르며 영양 상태가 좋을수록 지방세포가 크다. 근육 내에 존재하는 지방은 육류의 연도에 영향을 미치며, 가열 시 입에 닿는 촉감과 풍미를 좋게 해준다. 이와 같이 근육 내에 백색 반점의 지방이 골고루 퍼져 포함된 것을 근내지방(상강육)marbling이라고 하며, 스테이크, 구이 등의 건열 조리법에 이용한다.

4) 뼈

동물의 연령에 따라 뼈의 상태는 다르다. 어린 동물의 뼈는 연하고 분홍빛을 띠며, 성숙한 동물의 뼈는 단단하면서 백색이다. 뼈의 내부는 골수로 채워져 있으며, 습열조리에 있어 국물의 색과 맛을 내는 데 영향을 준다.

2. 육류의 성분

육류의 구성성분은 종류, 연령, 부위, 성별, 사료 등에 따라 차이가 있는데, 대부분은 수분이 75%를 차지하고 있으며 나머지 고형분의 대부분이 단백질이다.

1) 단백질

육류의 단백질 함량은 약 20% 되며, 식육 내에 근장단백질, 근원섬유단백질, 결합조직단백질로 나눈다. 근장단백질은 대부분 마이오겐myogen이라 불리는 수용성 단백질이며, 육색소인 마이오글로빈myoglobin과 혈색소인 헤모글로빈hemoglobin 등을 함유하고 있다. 근원섬유단백질은 총 단백질의 50% 정도를 차지하며 그 중 43% 정도가 마이오신myosin이다. 근원섬유 중 굵은 필라멘트에는 가늘고 긴 섬유모양을 한 마이오신myosine이, 가는 필라멘트에는 액틴actin이 들어있어 ATP 저장 및 분해에 관여하며 근육의 수축과 이완 작용을 돕는다그림 7-1. 사후경직 시 이 두 가지는 망상 구조의 액토마이오신actomyosin을 형성한다.

표 7-1 육류지방의 융점

종류	융점(℃)
소	40~50
돼지	33~46
양	44~55
닭	30~32
오리	27~39

2) 지방

식육에 함유되어 있는 지방은 대부분이 중성지방으로 연령, 영양 상태, 운동 부위 정도, 사육조건 등에 따라 차이를 보인다. 지방의 융점은 고기맛을 느끼는 촉감과 관계가 있으며, 동물지방의 융점은 구성지방산의 분포에 따라 다르다. 소고기와 양고기의 지방산에는 포화지방산이 많으며 융점이 높아 음식의 온도가 낮아지면 지방이 고체화되면서 음식의 맛을 떨어뜨린다. 반면에 돼지고기와 닭고기의 지방은 불포화지방산 함량이 많아 융점은 낮다. 따라서 닭고기의 경우 식어도 먹기 좋은 이유가 융점이 낮기 때문이다.

3) 탄수화물

육류의 탄수화물은 근육 내 포도당 중합체인 글리코젠glycogen으로 간이나 근육에 존재하며, 0.5~1% 이하로 이 함량도 동물의 종류, 부위, 사후경과 시간 등에 따라 다르다. 글리코젠이 많이 함유된 근육에는 1% 이상인 경우도 있으며, 고기의 pH 변화를 초래하여 사후경직과도 밀접한 관계가 있다.

4) 비타민과 무기질

육류에는 비타민 B군이 많이 함유되어 있으며, 싸이아민thiamin, 리보플라빈riboflavin, 나이아신niacin 등의 좋은 급원이다. 돼지고기는 다른 육류에 비해 싸이아민이 더 많이 들어 있으며, 1 mg% 함유되어 있다. 또한 내장육에는 식육보다 비타민이 많이 들어 있으며, 간에는 비타민 A와 C가 다량 함유되어 있다. 무기질인 인과 철은 식육에, 칼슘은 대부분 뼈에 들어 있으며, 근육색소가 진한 육류일수록 철이 많이 함유되어 있다.

5) 색소

육류의 색은 마이오글로빈myoglobin과 헤모글로빈hemoglobin에 기인한다. 근육의 붉은색은 동물의 종류, 연령, 부위 등에 따라 차이가 나는데, 마이오글로빈의 농도 차이 때문이다. 소고기는 돼지고기보다 더욱 붉은색을 띠는데, 이는 마이오글로빈을 다량으로 함유하고 있기 때문이다. 헤모글로빈은 혈액 내에서 산소를 조직에 운반하는 역할을 하고, 마이오글로빈은 산소를 근육 내에 보유함으로써 근육의 수축과 이완 작용을

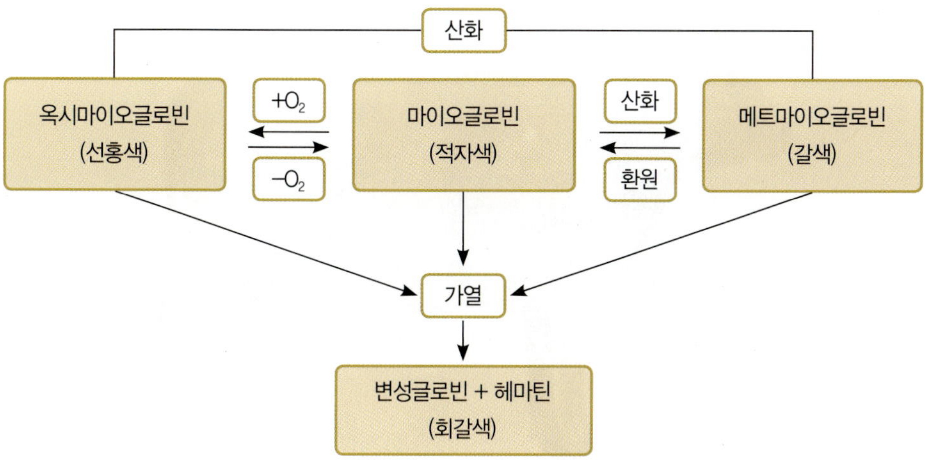

그림 7-2 마이오글로빈의 구조 변화에 따른 색 변화

가능케 한다. 숙성, 산화, 가열 등에 의한 육류의 색소 변화는 마이오글로빈에 의해 나타나며, 숙성되면 공기와 접촉을 하여 옥시마이오글로빈oxymyoglobin으로 되면서 점차 선명한 적색을 띠게 된다. 이 반응은 가역적이어서 산소가 없으면 다시 마이오글로빈으로 되면서 적자색을 띤다. 큰 덩어리 고기의 표면은 선홍색이지만 안쪽이 검붉은색을 띠는 경우가 이에 해당된다. 옥시마이오글로빈이 공기 중에 계속 노출되면 산화되면서 적갈색인 메트마이오글로빈metmyoglobin이 된다. 이때 마이오글로빈 내에 존재하는 제1철Fe^{2+}이 제2철Fe^{3+}로 산화된다.

3. 육류의 부위와 특징

1) 소고기 부위별 분류 및 특징

소고기는 그림 7–3과 같이 부위별로 나뉘지며 조리목적에 따라 적합한 부위를 선택하여야 한다. 각 부위별 특징은 표 7–2와 같다.

그림 7–3 소고기의 부위별 명칭

출처: 축산물 품질평가원

표 7-2 소고기의 부위별 특징과 용도

부위		특징	용도
안심		• 소고기 부위 중 가장 부드럽고 연하며 담백함	구이, 스테이크, 장조림
등심	등심살	• 윗등심살, 꽃등심살, 아래등심살로 나뉘며, 고기의 결이 곱고 연하며 육즙이 풍부 • 각 근육 내에 근내지방도 많아 마블링의 풍미가 풍부하고 맛도 좋음	스테이크, 불고기, 너비아니구이, 산적
	살치살	• 소고기 부위 중 마블링이 가장 좋고, 육즙도 풍부하여 감칠맛 좋음	생고기구이
목심		• 운동량이 많은 부위로 지방이 적고 등심보다 질김	불고기, 탕, 전골, 국거리
앞다리	앞다리살	• 운동량이 많아 근막과 힘줄 같은 결체조직 많음	탕, 국거리용, 산적
	부채살	• 부채 모양의 근육으로 낙엽살이라고도 하며, 육색이 진하고 육즙 풍부	구이, 불고기
우둔	우둔살	• 볼기살이라고도 하며 지방이 거의 없는 살코기로 육질이 연함	육회, 불고기, 산적, 육포, 장조림
	홍두깨살	• 살코기의 지방 함량이 거의 없고, 육질의 찢어지는 결을 이용한 요리에 이용	장조림, 육개장, 육포, 육회
양지	양지머리	• 목에서 가슴에 이르는 부위로 결합조직이 많아 질긴 편이나 오래 끓이면 국물맛이 좋음	전골, 조림, 탕
	차돌박이	• 희고 단단한 지방을 포함하여 구울 때 고소하고 다즙성이 좋음	샤브샤브, 구이
	치마살	• 고기 모양이 주름치마처럼 생겼으며, 약간의 단맛과 쫄깃한 감칠맛을 가져서 고기결을 따라 잘 찢어짐	육회
갈비	갈비살	• 옆구리 늑골을 감싸고 있는 부위로 늑골은 양쪽으로 13대씩 있음	구이, 찜, 탕
	토시살	• 손에 끼는 토시같이 생겼다고 하여 이름이 붙여짐 • 마블링이 거의 없지만 육단백질도 부드러워 구워 먹으면 쫄깃함	구이
	안창살	• 창문에 있는 커튼 윗부분의 주름살처럼 생겼으며, 질기기도 하지만 씹는 촉감과 향이 좋음	구이

(계속)

부위		특징	용도
갈비	제비추리	• 제비가 날개를 편 것처럼 길고 날씬하다고 하여 이름이 붙여짐 • 근내지방이 적고 담백하며 육즙이 풍부	구이
사태		• 다리에 붙은 고기로 근막이 발달해 질기지만 결이 고우며 풍미가 좋음	육회, 탕, 찜
설도		• 우둔과 비슷해 같은 용도로 많이 사용됨	산적, 장조림, 육포, 불고기

알고 갑시다

소고기 등급기준 시행(2019.12.1.)

1^{++}등급은 지방 함량이 17%에서 15.6% 이상으로 낮아짐

1^{+} 등급은 지방 함량이 13~17%에서 12.3~15.6%로 조정되어 마블링이 촘촘히 있을수록 고품질로 인정되었으나 이제는 건강을 고려함

구분		개정
육질 등급	근내지방도	1^{++}등급(No. 7^{+}, 7^{++}, 8, 9)
		1^{+}등급(No. 5^{++}, 6, 7^{0})
	평가방식	타 항목 평가기준 강화 근내지방도, 육색, 지방색, 조직감 등을 개별 평가하고 최하위 결과를 최종 등급으로 결정
육량 등급	육량산식	성별, 품종별로 달리하여 육량산식 적용(6종) 한우(암, 수, 거제) / 육우(암, 수, 거세)
1^{++}등급 표기		1^{++}(근내지방도 7, 8, 9) 병행표시

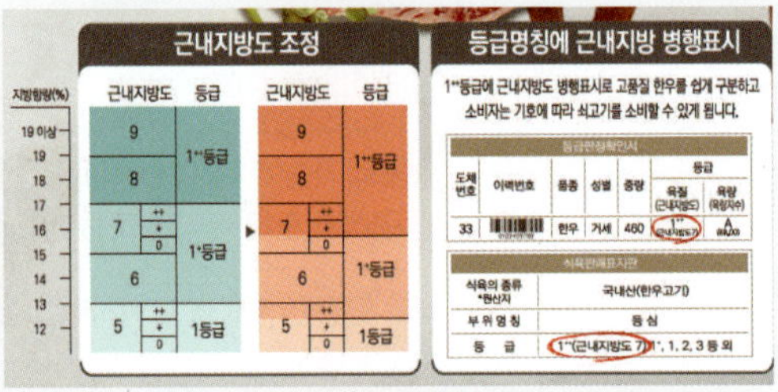

출처: 축산물 품질평가원

2) 돼지고기 부위별 분류 및 특징

돼지고기의 부위별 명칭은 그림 7-4와 같으며, 부위별 특징과 용도는 표 7-3과 같다.

그림 7-4 돼지고기의 부위별 명칭

출처: 축산물 품질평가원

표 7-3 돼지고기의 부위별 특징과 용도

<table>
<tr><th colspan="2">부위</th><th>특징</th><th>용도</th></tr>
<tr><td colspan="2">안심</td><td>• 몸 중앙에 지방이 거의 없어 고단백질 부위로 부드러움</td><td>장조림, 탕수육, 포크커틀릿</td></tr>
<tr><td colspan="2">등심</td><td>• 등 부위를 따라 지방층이 덮여 있는 살코기로 부드러우며 육질이 질기지 않음</td><td>스테이크, 불고기, 포크커틀릿</td></tr>
<tr><td colspan="2">목심</td><td>• 등에서 목으로 이어지는 부위로 다른 부위에 비해서 비교적 지방이 적고 풍미가 좋으며 육질이 부드러움</td><td>구이, 수육, 보쌈, 볶음</td></tr>
<tr><td rowspan="2">앞다리</td><td>앞다리살</td><td>• 운동량이 많아 결체조직이 발달되어 질기고, 쫄깃한 식감을 줌</td><td>수육, 찌개</td></tr>
<tr><td>항정살</td><td>• 돼지 뒷덜미 목살로 한 마리당 600 g밖에 나오지 않는 특수 부위
• 지방 사이에 근육이 많아 천겹살이라고도 하며 부드럽고 씹히는 식감이 좋음</td><td>구이</td></tr>
<tr><td rowspan="2">갈비</td><td>갈비살</td><td>• 1~4번 또는 5번째 갈비뼈까지 부위로 육즙이 풍부하며 쫄깃한 식감을 주어 풍미가 좋음</td><td>구이, 바비큐립, 찜</td></tr>
<tr><td>마구리</td><td>• 갈비살을 제거하고 남은 것을 말하며, 살코기가 많이 붙어 있는 부분은 쪽갈비, 불갈비용으로 이용</td><td>육수</td></tr>
</table>

(계속)

부위		특징	용도
삼겹살	삼겹살	• 근육과 지방이 삼겹으로 층을 이루고 있으며, 지방 함량이 많은 부위지만 고소한 맛과 식감이 좋음	구이, 불고기, 조림, 베이컨
	갈매기살	• 삼겹살 부위에 속하지만 갈비뼈에서 분리 • 돼지 한 마리당 300~400 g 정도밖에 생산되지 않음 • 특수 부위로 근육의 색이 진함	구이
	등갈비살	• 갈비살의 육즙이 풍부한 감칠맛, 등심근의 살코기 맛이 혼재하여 독특한 맛을 내므로 고온고압 처리를 하는 조리방법이 좋음	양념구이, 찜
	토시살	• 갈매기살에 인접해 있는 부위로 한 마리당 80 g 정도만 나오며 육질이 거칠어 씹는 식감이 좋음	구이
뒷다리	볼기살	• 뒷다리의 힘을 받는 근육으로 육즙이 진하고 풍부해 돼지고기의 향미가 좋음	국거리용, 불고기용, 햄·소시지등의 돈육가공제품의 원료육
	홍두깨살	• 뒷다리 부위 중 근내지방 함량이 가장 높으며, 보수력이 좋고 조리감량이 적음	구이
	보섭살	• 돼지 엉덩이 부위로 운동량이 가장 적은 근육	불고기, 장조림, 잡채
	뒷사태살	• 돼지가 가장 힘을 많이 받는 근육들로 되어 있어 지방은 거의 없고, 결체조직이 많아 장시간 삶거나 고온고압 조리방법을 이용	수육, 보쌈, 불고기, 장조림, 다짐육

3) 닭고기 부위별 분류 및 특징

닭고기는 다른 고기와 달리 근섬유 길이가 짧아 부드럽고 지방이 적어 담백하며, 부위별 특징과 조리법은 표 7-4와 같다.

그림 7-5 닭고기의 부위별 명칭

출처: 축산물 품질평가원

표 7-4 닭고기의 부위별 특징과 용도

부위		특징	용도
가슴살		• 닭 부위 중 가장 살코기 양이 많고 뼈를 포함하지 않음 • 근섬유로만 되어 있어 색이 희고 지방 함량이 적어 부드럽고 맛이 담백함 • 너무 오래 가열조리를 하면 퍼석해지기 쉬움	구이, 볶음, 찜
안심살		• 100% 백색 근섬유로 구성되어 있어 육색은 백색을 띠며, 근섬유다발이 가늘고 부드러워 조리 시 주의 • 지방이나 콜레스테롤 함량이 매우 낮음	샐러드, 튀김, 볶음, 냉채
다리살	다리살	• 운동을 많이 하는 부위로 적색을 띠며, 육질이 단단하여 쫄깃한 식감임	조림, 튀김, 육수, 수프
	넓적다리살	• 운동을 많이 하는 부위로 근육이 많으며 적당한 지방과 글리코젠이 있어 감칠맛을 줌	튀김, 구이, 바비큐, 조림, 찜
날개살		• 운동량이 많고 껍질의 비율이 높아 콜라겐 성분이 풍부해 고소한 맛이 진함 • 색이 희고 살은 적지만 조리 시 젤라틴 상태가 되어 쫄깃하여 맛이 좋음	튀김, 조림, 육수, 수프
모래주머니		• 근위로 불리우며 두꺼운 근육이 단단하여 쫄깃한 식감을 주며 지방이 거의 없어 담백함	구이, 튀김, 볶음, 꼬치구이
닭발		• 근육의 양은 적고 뼈와 껍질이 대부분을 차지 • 연골 부위에 콘드로이틴chondroitin 성분이 많으며 껍질에 콜라겐이 있어 쫄깃한 식감을 줌	볶음

알고 갑시다

닭의 종류에 따라 맛과 영양이 다르다

- 노계 : 지방이 많고 살이 질겨져 색이 어두우므로 육수를 낼 때 사용한다.
- 영계 : 껍질과 고기가 연하여 맛과 풍미가 좋아 삼계탕에도 사용한다.

알고 갑시다

닭의 품질 등급과 기준

닭고기의 등급 판정은 자율시행으로 이루어지며, 닭의 품질등급은 1+등급, 1등급, 2등급으로 나뉘며, 중량 규격기준은 소, 중소, 중, 대, 특대로 구분한다.

닭의 품질 등급

				1+등급			1등급				2등급		
중량 규격	소		중소			중			대		특대		
해당 호수	5호	6호	7호	8호	9호	10호	11호	12호	13호	14호	15호	16호	17호
중량 범위 (g)	451 ~ 550	551 ~ 650	651 ~ 750	751 ~ 850	851 ~ 950	951 ~ 1,050	1,051 ~ 1,150	1,151 ~ 1,250	1,251 ~ 1,350	1,351 ~ 1,450	1,451 ~ 1,550	1,551 ~ 1,650	1,651 이상

등급 판정 마크

출처: 축산물 품질평가원

4. 사후경직과 숙성

동물이 도살 후 시간이 경과할수록 근육은 신장성을 잃고 근육이 경직되며 보수성이 떨어지는데 이를 사후경직이라 한다. 경직 상태는 시간이 경과하면 차차 풀려 근육 상태가 연화되는데, 이를 경직의 해제라 한다. 또한 경직이 해제된 후 0~4℃에서 저장하면 근육 내에 있는 효소에 의해 자가분해가 일어나 연해지고 풍미가 좋아지는데 이를 숙성과정이라 한다.

1) 사후경직

동물의 근육조직 pH는 7.0~7.4이나, 사후에 산소공급의 중단으로 근육 내 글리코젠이 혐기적 해당작용을 하여 젖산을 생성한다. 이로 인해 근육의 pH는 6.5 이하로 떨어지면서 인산분해효소가 활성화되어 크레아틴인산과 ATP가 분해된다. ATP가 고갈되면 미오신과 액틴이 분리되지 못하고 결합한 상태로 고정되어 액토마이오신 복합체가 생성됨으로써 수축되어 고기가 질겨진다. pH의 저하, ATP 감소 등은 근육을 질기게 하고 보수력을 떨어뜨려 맛과 질감이 나빠지며 소화력도 낮아진다. 근육의 사후경직이 일어나는 pH 5~6은 보수력이 가장 낮아져서 질겨지고 맛이 없게 된다.

사후경직 시간은 표 7-5와 같으며, 동물에 따라 다르다. 사후경직 시간과 경직의 정도는 동물체의 크기에 비례하며 저장온도와는 반비례하여 몸이 큰 동물일수록 경직 정도가 크고 시간이 길며, 온도가 낮을수록 경직시간이 오래 걸린다.

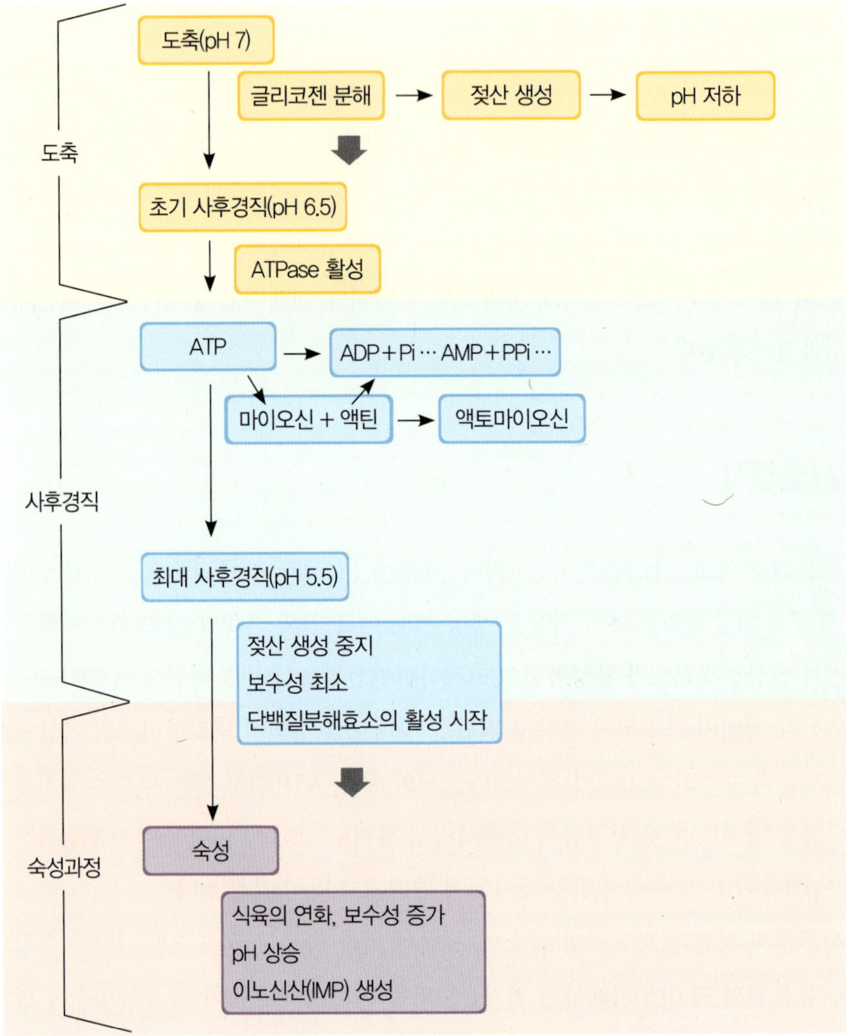

표 7-5 육류 사후경직 시간

분류	사후경직 시간
소	24시간
돼지	12시간
닭고기	2시간 정도

2) 숙성

사후경직 중 근육의 pH가 5.5 정도에 이르면 젖산 생성이 중단되고 사후경직 반응 속도가 줄어들면서 액토마이오신이 가수분해되어 조직이 연화되고 맛과 향이 좋아지는데 이 단계를 숙성aging이라 한다. 고기가 숙성에 의해 연해지는 것은 카텝신cathepsin과 칼슘활성화효소CAF 등이 최대 활력을 갖는 환경에서 단백질을 분해시키고 사후경직 시 만들어진 액틴과 마이오신의 결합을 약화시키기 때문이다. 사후경직 시 생성된 젖산은 숙성기간에 pH가 낮아져 결합조직의 콜라겐이 팽윤되어 습열조리 시 젤라틴으로 쉽게 분해되어 연화를 도와준다. 단백질의 자가소화가 이루어지면서 육추출물의 주성분인 유리아미노산이 생겨 육류의 맛을 좋게 해주며, ADP, AMP가 가수분해되어 핵산 분해물질인 이노신산IMP이 생긴다. 뿐만 아니라 젖산 생성이 정지되면서 pH가 다시 상승하여 보수성도 높아지고 근원섬유도 연해지면서 고기의 풍미가 좋아진다. 숙성온도를 높이면 숙성속도는 더 빨라지지만 미생물이 번식할 수 있어 저온 숙성을 하는 것이 좋다.

3) 저장

육류는 저장 시 변화를 최소화하고자 냉장 저장하는 것이 좋으나, 장기간 저장할 경우 냉장온도에서도 부패가 일어나므로 냉동 저장하는 것이 좋다. 냉동 시 근육 내에 존재하는 수분이 조직 사이에서 얼음결정으로 존재하다가 조리 시 해동하면 조직의 파괴로 질감이 떨어진다. 따라서, 질감뿐 아니라 육즙의 손실을 적게 하고 조리 시 보수성을 유지하고자 급속냉동을 하고 냉장온도에서 서서히 해동하는 것이 바람직하다. 닭이나 오리는 살모넬라균에 감염되기 쉬워 식중독의 원인이 되므로, 1일 이상 경과할 때에는 냉동하는 것이 바람직하다. 냉동 시에는 내장을 제거하고 따로 포장하는 것이 좋은데, 이는 내장 속에 들어 있는 효소가 냉동, 해동 시에 작용하여 맛을 변질시키기 때문이다.

5. 육류의 조리원리

육류는 잘 숙성된 냉장육이 좋고, 냉동육일 경우 해동 시 육즙의 손실을 최소화하는 것이 중요하다. 숙성된 후 조리를 하면 고기의 맛이 좋아질 뿐만 아니라 근육이 부드러워져 소화를 도와준다.

1) 연화

육류 연화에 영향을 주는 요인으로 동물의 나이, 운동량, 암컷과 수컷 성별, 근섬유, 마블링 등이 있다. 육류 조리 시 다음과 같은 조리방법을 사용하여 연화시킬 수 있다.

- 숙성(냉장온도) : 육질이 연하고 부드러워진다.
- 기계적 연화 : 근육조직의 근섬유 길이와 반대 방향으로 썰거나 두들기기, 잔 칼집 또는 잘게 다지는 방법을 이용하면 질감이 부드러워진다.
- 간장 또는 소금 첨가 : 1.5% 미만 첨가 시 단백질의 수화력을 증가시켜 가열 시 중량 손실을 줄이고 질감이 부드러워진다. 그러나 그 이상으로 첨가하면 중량 손실이 크고 고기가 질겨져 맛이 없다.
- 설탕 첨가 : 단백질의 열 응고를 지연시키는 효과가 있어 고기를 연하게 해준다.
- 산 첨가 : 등전점에서는 단백질의 용해도가 가장 낮기 때문에 근육단백질의 등전점인 pH 5~6보다 낮거나 높게 해준다. 따라서, 고기를 숙성시키기 위해 육류 조리 시 산을 첨가하기도 한다. 토마토는 유기산이 많아 육류요리에 이용하면 고기를 연하게 만들고 냄새도 제거할 수 있다.
- 효소에 의한 연화 : 과일에 들어 있는 단백질분해효소를 이용하여 연화시킬 수 있는데 파인애플의 브로멜린bromelin, 파파야의 파파인papain, 무화과의 피신ficin, 키위의 액티니딘actinidine이 있으며, 고기를 재울 때 배와 무를 많이 이용하는 것도 단백질 가수분해효소protease가 들어 있어 연화를 돕는다.

2) 가열 시의 변화

(1) 색의 변화

신선한 상태의 육색소는 옥시마이오글로빈이 많이 차지하고 있으며 가열에 의해 마이오글로빈의 단백질이 변성되어 변성글로빈denatured-globin과 회갈색의 헤마틴hematin이 된다. 이때 육류의 단백질 성분은 당성분과 함께 당-아미노 반응을 통해 멜라노이딘을 생성하여 갈변화가 일어난다. 고기의 내부 온도에 따라 색의 변화가 나타나며, 조리 정도에 따라 레어rare, 미디움medium, 웰던well-done으로 나뉜다. 돼지고기는 근육 속에 기생하는 선모충이 있어 완전히 익혀야 안전하다.

표 7-6 조리된 육류의 가열 정도와 내부 온도 및 색 변화

가열 정도	내부온도(℃)	특징
rare	49~52	• 겉만 살짝 익고 내부는 빨간 상태 • 고기 본연의 맛과 육즙이 풍부함
medium rare	55~57	• 육즙이 풍부하고 고기 속이 선명한 붉은색 • 부드러운 식감
medium	60~63	• 고기의 표면은 갈색이나 내부는 엷은 붉은색 • 육즙이 적당히 배어 있고 레어보다 고기가 수축된 상태
medium well-done	65~68	• 고기속 육즙이 조금 덜 분포 • 식감이 단단
well-done	71 이상	• 고기의 표면과 내부가 갈색으로 완전 익은 상태 • 육즙이 조금 있고 더욱 수축된 상태

알고 갑시다

냉동닭을 조리할 때 뼈나 뼈 주변에 색이 변한 경우

냉동과 해동 과정에서 닭 뼈의 골수에서 적혈구가 파괴된 상태이며 가열 시 나타난 현상으로 보기에는 좋지 않으나 맛은 상관이 없다. 이런 현상을 막기 위해서 냉동된 닭을 해동하지 않고 직접 조리하여 변색되는 것을 방지할 수가 있다.

(2) 풍미 변화

육류를 가열하면 단백질 분해에 의해 생성된 유리아미노산, 아미노화합물과 핵산 분해물, 유기물질 등에 의해서 구수한 맛과 냄새가 난다. 지방은 상온에서는 고체이지만 가열하면 용해되어 고기의 맛을 좋게 해주고 조직을 부드럽게 하여 소화성을 높인다.

(3) 무게 감소

가열에 의해 보수성이 감소하고 온도가 높을수록 육즙과 지방이 용출되면서 고기의 중량은 감소한다. 조리시간이 길어질수록 수축률은 커지게 되고 표면이 건조되면서 질감이 나빠진다. 냉동된 고기를 조리할 경우 냉장이나 찬물에서 서서히 해동해야 조리 시 조직 파괴를 적게 하고 육즙의 손실을 줄일 수 있다.

6. 육류의 조리

1) 건열조리법

물이나 수증기를 사용하지 않고 조리하는 방법으로 결합조직이 적고 마블링이 잘 분포되어 있는 부위가 건열조리에 적당하다. 건열조리방법으로는 구이, 튀김, 전, 브로일링, 팬브로일링, 로스팅 등이 있다.

- 구이 : 고기 자체의 맛을 즐길 수 있는 방법으로 석쇠, 팬 등을 이용해 구이를 할 경우 충분히 달군 후 고기를 구워야 육즙이 빠져나가지 않는다. 고기의 내부가 익은 정도를 알고자 탐침 온도계 또는 육류용 온도계를 사용하기도 한다.
- 산적 : 고기를 길쭉하고 얇게 썰어 양념을 한 후 꼬챙이에 꿰어서 굽거나 곱게 다져서 양념하여 넓적하게 또는 동그랗게 빚어 구워내는 음식이다.
- 불고기 : 불고기는 조상들의 지혜가 담긴 바비큐 요리로, 얇게 썬 쇠고기를 양념장

에 무쳐서 석쇠에 구워 먹는 음식으로 너비아니라고 불렀다.

2) 습열조리법

결합조직이 많은 부위인 사태, 양지, 꼬리, 도가니 등을 조리할 때 물을 넣어 가열하여 조리하는 방법으로 오랜 시간 가열하면 콜라겐이 젤라틴화되어 부드러워진다. 육수, 탕, 찜, 스튜, 장조림, 편육 조리 시에 적합하다.

- 육수, 탕, 국 : 결합조직이 많은 부위인 양지, 사태 부위를 이용하며, 국물을 끓일 때 고기를 찬물에 넣고 약한 불에서 오래 끓여야 용해성 성분의 용출이 충분히 일어난다. 육수를 만들 때는 고기의 잡냄새를 없애고자, 양파, 파, 당근, 셀러리 등 향이 강한 채소를 넣어 끓인다.

알고 갑시다

뽀얀 사골국의 비밀

- 곰탕이나 설렁탕을 끓일 때 사골을 넣어 끓이면 뼈에서 우러난 인지질이 유화작용을 하여 뽀얀 국물을 만든다.
- 사골이 잠길 정도의 적당량의 물을 붓고 10~20분 정도 끓여내고, 사골을 건져내 씻은 후 1 kg 당 5~7배의 물을 다시 넣어 끓인다. 불을 약하게 줄여 6시간 정도 더 끓인 후 사골을 건져내며 같은 방법으로 두 번 더 우린다.
- 4번 이상 끓이면 콘드로이틴 황산과 칼슘 함량이 크게 줄고, 탁도와 점도가 낮아져서 국물맛이 떨어지게 되므로 3번만 끓이는 것이 가장 좋다.

- 찜 : 갈비, 사태, 양지, 꼬리, 목심 등의 질긴 부위를 사용하며, 소량의 물로 익힌 다음 채소와 양념을 넣고 다시 푹 끓여 맛을 낸다. 이때 고기를 익히기 전 간장 등 양념을 넣으면 삼투압에 의한 침투로 탈수되어 고기 표면이 마르고 부드럽지 못하다.
- 장조림 : 장조림은 홍두깨살을 주로 사용하며, 우둔살, 사태 등을 이용하기도 한다. 장조림을 만들 때는 고기를 먼저 삶은 후 간장을 부어 약한 불에서 천천히 조

려야 조직이 질겨지지 않는다.

- 편육과 수육 : 고기를 덩어리째 익혀 굳힌 다음 썰기 때문에 편육이라고 하며, 습열조리이지만 국물이 아닌 고기를 먹는다. 따라서, 고기를 익힐 때 끓는 물에 넣어야 고기의 맛성분이 빠져나오지 않고 맛이 좋다. 삶은 고기는 뜨거울 때 눌러 놓아야 형태를 유지하여 썰기가 좋다.

알고 갑시다

수육과 편육의 차이

- 수육 : 쇠고기나 돼지고기 덩어리를 삶아 부드럽다.
- 편육 : 수육을 얇게 썬 것, 또는 수육이나 푹 삶은 고기의 부산물을 면포에 눌러 만든 뒤 모양을 잡아 얇게 썰어낸 것

3) 복합조리법

- 폭찹pork chop : 돼지갈비 부분을 뼈가 붙어 있는 상태로 1~1.5 cm 두께로 자른 후 소금, 후추를 뿌리고 밀가루를 묻혀 노릇하게 익힌 후 다진 양파, 마늘, 바비큐 소스에 넣어 끓여준다.
- 스위스 스테이크swiss steak : 기름과 소스에 넣어 조리는 스테이크를 말하며, 두껍게 자른 고기를 두드려 부드럽게 한 후 밀가루를 묻혀 갈색이 나도록 노릇하게 구운 후 토마토, 양파, 당근, 셀러리, 육수 등을 넣고 2시간 정도 약한 불로 끓여 만든다.
- 스튜stew : 우리나라 찜과 비슷하지만 토마토 또는 토마토주스를 첨가하거나 사워밀크sour milk에 담가두기도 한다. 그 이유는 산을 이용하여 고기를 질기게 하는 콜라겐을 젤라틴화하여 연화시키기 때문이다. 조리 시 토마토나 산을 제공하는 식재료를 스튜에 넣을 경우 고기를 익힌 후 나중에 넣어야 라이코펜lycopene 색소와 단백질이 흡착 · 결합되어 불쾌한 색으로 변하는 것을 방지할 수가 있다.

4) 육가공품

지역 또는 환경적 요인으로 육류를 보관하고자 할 때 고기를 염장하거나 건조, 훈연, 통조림 등의 조리방법을 사용하여 보관하며, 대표적인 육가공품으로는 육포, 햄, 베이컨, 소시지 등이 있다. 가공 시 육색소를 안정화시켜 가공육이 선홍색을 띠도록 아질산염이나 질산염을 첨가한다. 질산염은 산화질소NO를 제공하여 마이오글로빈과 결합함으로써 나이트로소마이오글로빈nitrosomyoglobin을 형성하여 공기에 의한 산화를 방지하는 동시에 선홍색을 띠게 한다. 가열하여도 나이트로소마이오크롬이 되어 가열해도 안정화되어 가공육은 갈색으로 변하지 않는다.

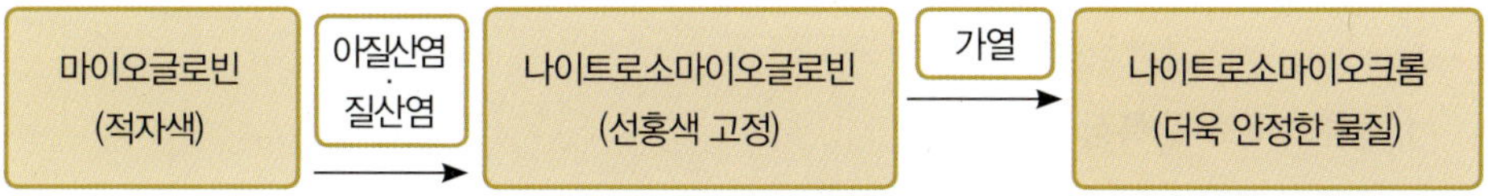

그림 7-7 아질산염 · 질산염 첨가 시 육색소 변화

- 햄 : 햄은 돼지고기의 허벅다리 살코기를 염지한 후에 훈연한 것으로 뼈가 붙은 레귤러햄, 뼈를 제외하고 고기를 원통형으로 만들어 면포 또는 셀로판지로 감아서 만든 본리스햄, 어깨살로 만든 숄더햄, 돼지고기와 소고기를 혼용하여 만든 프레스햄 등이 있다.
- 소시지 : 소시지는 암퇘지에 향신료를 넣어 만들어 소시지라고 불린다. 햄과 베이컨을 가공하고 남은 조각고기에 다른 고기와 내장, 향신료, 조미료 등을 배합하여 케이싱에 넣어 훈연 후 물에 삶은 것을 도메스틱 소시지domestic sausage라 하고, 훈연 후 건조시킨 것을 드라이 소시지dry sausage라고 한다.
- 베이컨 : 베이컨은 일반적으로 돼지의 삼겹살을 염지 · 훈연하여 만든 것이며, 부위에 따라 명칭을 달리한다. 등심육을 가공한 로인베이컨, 어깨부위육을 가공한 숄더베이컨, 베이컨보다 햄에 가까운 모양을 하고 있으며 등살을 가공한 경우 캐

나디안 베이컨이라고 한다.

- 육포 : 우둔살이나 홍두깨살을 포를 떠서 간장, 설탕 등의 양념을 발라 빛이 잘 들고 통풍이 잘되는 곳에서 건조한 저장식품이다. 건조하는 동안 수분이 감소되면서 맛이 농축되고, 특유의 향과 질감이 생긴다. 건조한 육포일지라도 지질 산패를 지연시키고자 냉동실에 보관해야 오래 저장이 가능하다.

단원정리

다음의 내용을 이해하셨나요?

1. 육류의 구조 및 특징
2. 육류의 영양성분
3. 육류와 가금류의 부위별 특징
4. 사후경직과 숙성
5. 육류의 조리원리
    - 연화
    - 조리방법
    - 가공품

8

CHAPTER

어패류

1. 어패류의 분류 | 2. 어패류의 구조와 성분 | 3. 사후 변화와 신선도
4. 어패류의 조리원리 | 5. 어패류의 조리

학습목표

- 어패류의 종류와 특징을 설명할 수 있다.
- 어패류 섭취의 중요성과 필요성을 설명할 수 있다.
- 신선한 어류를 선택할 수 있고 효율적인 조리방법을 말할 수 있다.

우리나라는 3면이 바다로 둘러 싸여 있는 지리적 이점으로 풍부한 수산자원을 가지고 있으며 수산물을 활용한 음식도 다양하게 발달되어 있다. 어패류는 중요한 단백질 공급원으로 한국인들은 전체 단백질 섭취의 약 30%, 동물성 단백질의 70% 이상을 어패류에서 섭취하고 있다. 전 세계적으로 1,900여 종의 어패류 중에서 200여 종이 식용으로 이용되고 있다.

1. 어패류의 분류

어패류는 어류와 패류를 말하는데 어류는 담수어와 해수어로 나뉘며, 패류는 조개류, 갑각류, 연체류와 극피류로 분류된다그림 8–1.

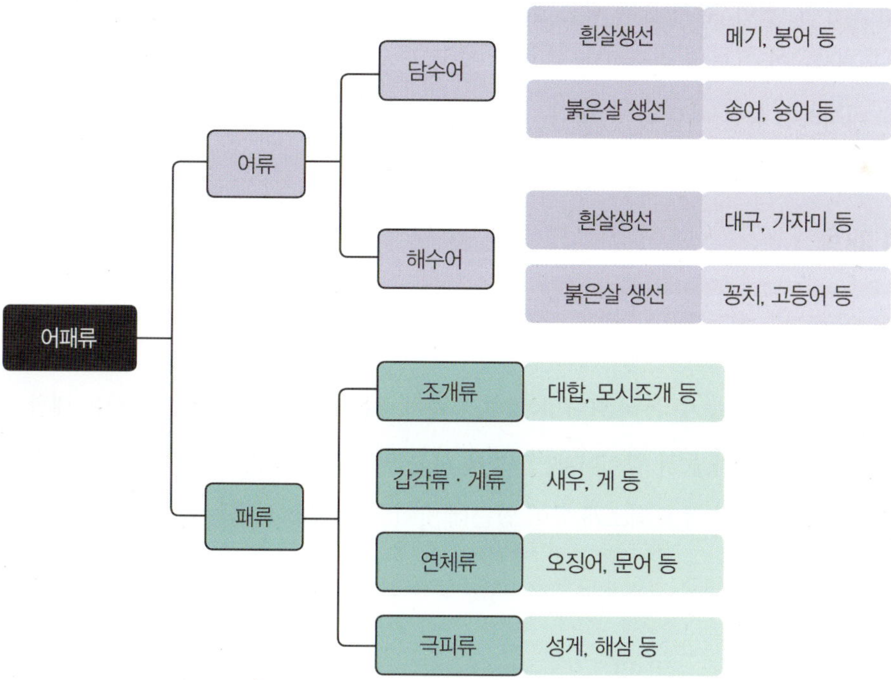

그림 8–1 어패류의 분류

1) 어류

어류는 형태에 따라 플랫피시flat fish와 라운드피시round fish로 구분되는데, 플랫피시는 바다 밑바닥을 헤엄치며 다니는 타원형 모양의 생선으로 눈은 위쪽을 향해 있고 가자미, 넙치, 서대 등을 예로 들 수 있다. 라운드피시는 몸통이 둥근형이며 머리 양쪽에 눈이 달려 있는 고등어, 멸치, 삼치 등이 있다.

서식지에 따라 바다에 사는 해수어와 민물에 사는 담수어로 나누며, 해수어는 생선의 살색에 따라 흰살생선과 붉은살생선으로 구분된다. 흰살생선은 주로 물의 온도가 낮은 깊은 바다에 서식하는 대구, 가자미, 도미, 광어, 우럭 등을 말한다. 이것은 운동량이 적고 지방을 5% 이하로 함유하고 있어서 담백한 맛을 낸다. 그에 비해 붉은살생선은 바다 표면과 인접한 곳에서 서식하며 운동량이 크고 지방 함량은 흰살생선보다 월등히 많다. 몸길이가 40 cm가 넘는 고등어의 경우 지방 함량이 35%인 것도 있다. 따라서 꽁치, 고등어, 연어, 참치 등과 같은 붉은살생선은 맛이 진하고 부드럽다. 담수어는 흔히 민물생선이라 부르며 수온이 높고 얕은 강이나 호수에 서식한다. 메기, 붕어, 송어, 잉어, 미꾸라지 등을 예로 들 수 있다.

2) 패류

(1) 조개류

조개는 연체동물 중 몸이 단단한 껍질로 싸여 있는 것을 말하며 바다에 사는 대합, 모시조개, 전복, 소라 등과 강이나 하천 등에 사는 민물조개로 구분된다. 민물조개에는 재첩, 말조개, 펄조개, 두드럭조개 등이 있는데 맛이 질겨 재첩 외에는 즐겨 먹지 않는다.

(2) 갑각류

갑각류는 단단한 껍질이 여러 마디로 나뉜 것으로 껍질은 키틴과 결합한 다당류로 이루어져 딱딱하고 그 속에 부드러운 근육이 있다. 새우, 게, 가재 등이 여기에 속한다.

(3) 연체류

연체류는 단단한 껍질이나 뼈가 없고 부드러운 육질이 투명한 껍질에 싸여 있는 것으로 오징어, 낙지, 문어 등이 있다.

(4) 극피류

극피류는 피부에 가시가 있는 특징이 있으며, 성게, 해삼, 미더덕 등을 예로 들 수 있다.

2. 어패류의 구조와 성분

1) 구조

(1) 어류

어류는 머리, 몸, 꼬리로 이루어져 있고, 등과 꼬리에 있는 지느러미를 이용하여 이동한다. 어류는 아가미로 호흡을 하고 두개골과 척추를 가지고 있으며, 피부는 표피와 진피로 이루어져 있다. 표피에는 점액을 분비하는 점액선이 있고, 진피는 비늘 형태로 이루어져 있다. 표피와 진피 사이에 색소세포층이 있고, 진피 안쪽에 색소세포들이 있어서 어류의 색이 결정된다.

근육은 근섬유가 모인 다발 형태로 이루어져 있고 척추를 중심으로 대칭을 이룬다. 근육은 근격막에 의해 서로 연결된 근절들이 겹쳐져 있지만 가열하면 쉽게 분리된다. 생선의 근섬유는 육류에 비해 길이가 짧고 근육과 뼈 사이의 결합조직도 약하기 때문에 부드럽다. 근육에는 혈액이 포함되어 암적색을 띠는 부분이 있는데 이것을 혈합육이라 한다. 혈합육은 어류의 종류에 따라 분포 정도가 다른데 정어리나 가다랑어와 같

알고 갑시다

구운 생선의 근육이 잘 분리되는 이유?

회는 살이 분리되지 않지만 구이나 조림의 경우 근절이 쉽게 떨어진다. 근절은 얇은 격막으로 연결되어 있는데 가열에 의해 격막의 성분인 콜라겐이 젤라틴으로 변하면서 격막이 약해져서 근절이 떨어지게 된다.

은 회유성 어류나 운동량이 많은 고등어 등의 붉은살생선에 많이 포함되어 있다. 혈합육은 비린내가 나서 회로 먹기보다는 열을 가한 구이나 조림 등이 좋다.

(2) 조개류

조개류는 지느러미나 뼈가 없고 단단한 껍질이 내부 조직을 보호하고 있으며 영양분을 흡수하는 입수관, 노폐물을 배출하는 출수관 그리고 이동할 수 있는 족足으로 구성되어 있다.

(3) 갑각류

갑각류는 머리, 가슴, 배로 나뉘는데, 머리와 가슴은 융합되어 등딱지를 이루고 이 석회질의 껍데기를 갑각이라 한다. 몸 전체가 21개의 마디로 이루어져 있으며, 각 마디는 독립된 껍데기로 싸여 있고 관절로 연결되어 있어서 자유롭게 움직일 수 있다.

(4) 연체류

연체류는 가식부인 근육이 얇고 투명한 껍질에 싸여 있는데 가열하면 질겨진다. 연체류의 대표적인 오징어의 껍질은 4개의 층으로 이루어져 있는데 첫 번째와 두 번째 층에는 짙은 갈색의 반점을 형성하는 색소세포가 있어서 조리할 때 껍질을 제거하면 이 색소가 제거되어 깨끗해진다. 세 번째와 네 번째 층에 있는 콜라겐 섬유는 가열하면 강

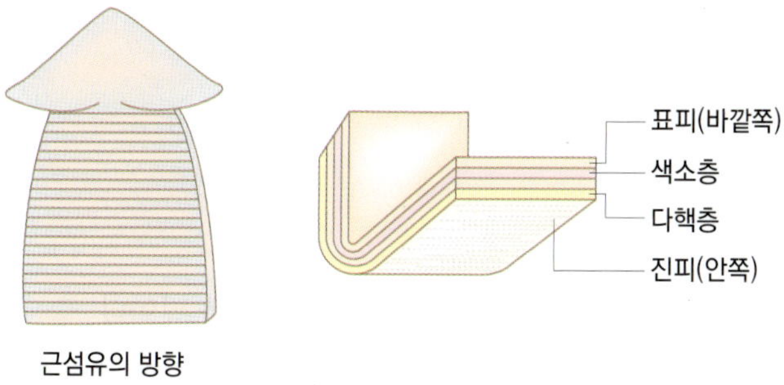

그림 8-2 오징어 근육의 구조

하게 수축한다. 따라서 오징어 모양썰기를 할 때는 내장이 있는 몸통 안쪽에 칼집을 넣어야 한다. 또 오징어는 근육조직이 축과 직각으로 구성되어 있기 때문에 가로로 찢어지기 쉽다그림 8-2.

오징어는 위쪽으로 헤엄치기 때문에 가로 방향의 근육이 발달해 있어서 가로로 썰면 근육세포가 파괴되지 않아 식감이 쫄깃하고 세로로 썰면 동그랗게 말린다. 오징어를 데칠 때 끓는 물에 레몬즙을 넣고 1분간 데치면 냄새와 식감이 좋아진다.

알고 갑시다

오징어 모양내기

① 솔방울 썰기 : 오징어 몸통 안쪽(내장쪽)에 양방향 사선으로 칼집을 넣고 가로로 썬다.
② 깃털 썰기 : 한 방향 사선으로 칼집을 내고, 가로로 칼집을 두 번 넣은 다음 세 번째에 자른다.
③ 동그란 깃털 썰기 : 한 방향 사선으로 칼집을 내고 세로로 자른다.
④ 막대 썰기 : 칼집을 내지 않고 가로로 썬다.

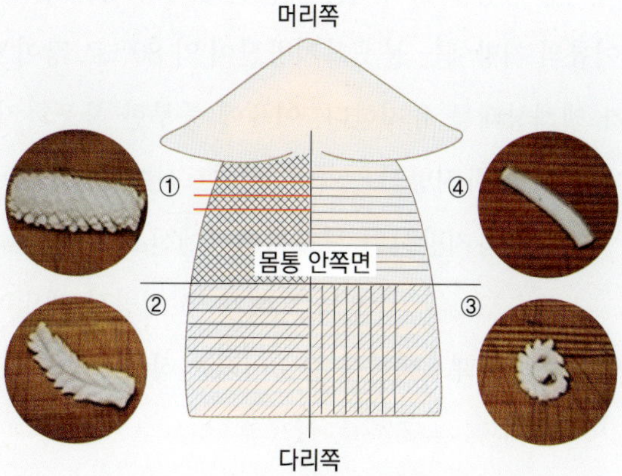

2) 어패류의 성분

(1) 일반성분

① 수분

어패류의 수분 함량은 약 70~80%로 육류에 비해 많은 편이다. 수분 함량은 흰살생선이 붉은살생선보다 다소 많고, 어류보다는 연체류, 갑각류, 조개류에 더 많다.

② 단백질

단백질 함량은 붉은살생선과 흰살생선 간에 큰 차이가 없지만 흰살생선은 콜라겐 함량이 많아 쫄깃하고 담백한 맛이 난다. 어류의 단백질은 약 15~20% 정도이고 필수아미노산을 모두 함유하고 있으며, 특히 곡류에 부족한 라이신의 함량이 높아 쌀을 주식으로 하는 식생활에 잘 어울리는 식재료이다. 또한 어류의 단백질은 육류에 비해 콜라겐 등 결합조직의 함량이 적고 근섬유의 길이가 짧아 부드럽고 소화가 잘되는 반면, 사후경직 및 자가소화도 빨리 진행된다.

③ 지방

어류의 전체적인 풍미에 영향을 미치는 지방 함량은 종류, 부위, 연령과 산란기 등에 따라 차이가 있다. 고등어는 월동을 위해 많이 먹어 에너지를 비축하기 때문에 살이 오르고 지방 함량도 많아지는 가을철에 가장 맛있다.

어류의 지방에는 불포화지방산이 약 80%로 많이 함유되어 있기 때문에 상온에서 어유가 액체상태를 유지한다. 어유에 풍부한 불포화지방산은 올레산, 리놀레산, 리놀렌산 등이며 포화지방산은 주로 팔미트산이다. 고등어, 참치, 꽁치 등의 등푸른 생선에는 고도불포화지방산인 도코사헥사엔산docosahexaenoic acid, DHA과 에이코사펜타엔산eicosapentaenoic acid, EPA 등 오메가-3 지방산 계열이 풍부한데 이러한 성분들은 혈중 중성지방과 콜레스테롤을 감소시키는 작용을 한다.

알고 갑시다

효과적인 DHA, EPA 섭취방법은?

생선의 DHA, EPA는 구우면 약 20%, 튀기면 약 50%가 줄어들므로 회가 가장 좋은 섭취방법이다. 또 DHA와 EPA는 생선의 눈 주위에 집중되어 있기 때문에 구이나 조림 등 가열한 생선요리를 먹을 때는 눈 주위도 같이 먹는 것이 좋다.

④ 탄수화물

어류의 탄수화물은 글리코젠의 형태로 약 0.2~1% 정도 함유되어 있지만 포획되면서부터 분해되기 시작하여 판매시점에는 거의 남아 있지 않다. 그러나 패류는 글리코젠의 함량이 약 3~5%로 어류보다 높고 효소에 의하여 글리코젠이 포도당으로 분해되면서 단맛이 증가한다. 어패류의 숙신산(호박산)은 감칠맛을 내며 갑각류의 껍질에는 다당류인 키틴이 함유되어 있다.

⑤ 비타민

어류의 간에 특히 풍부한 비타민 A와 D는 지방 함량이 많은 생선이나 산란기에 접어든 생선에 더 많다. 어류의 눈에는 싸이아민이 많고, 패류에는 싸이아민의 효능을 저하시키는 싸이아미네이스가 들어 있지만 가열에 의해 불활성화된다.

⑥ 무기질

어패류에는 나트륨, 칼륨, 마그네슘, 구리, 인 등의 무기질이 약 1~2% 함유되어 있다. 해수어에는 요오드와 인이 많지만 철의 함량은 적다. 패류는 어류에 비해 철, 구리, 칼슘이 많다.

알고 갑시다

오징어와 카레의 궁합은?

오징어의 타우린taurin은 간 기능을 강화하고 성인병 예방의 효과가 있다. 오징어 요리를 할 때 카레가루를 첨가하면 강황에 함유된 커큐민curcumin도 간 기능을 높여 주므로 효과가 상승된다.

(2) 특수성분

① 맛성분

어패류에는 감칠맛을 내는 베테인betaine 등의 저분자 질소화합물과 글리신, 알라닌, 글루탐산 등의 유리아미노산 그리고 숙신산, 젖산 등의 유기산들이 함유되어 있다. 어패류에 물을 넣고 가열하면 이러한 수용성 맛 성분들이 용출되어 구수한 감칠맛을 낸다. 유리아미노산과 베테인은 낙지, 오징어 등의 연체동물과 새우, 게 등의 갑각류에 더 많고 숙신산은 조개류에 특히 풍부하다.

② 냄새성분

어패류의 냄새는 생선의 종류와 신선도에 따라 차이가 크다. 해수어의 비린내는 주로 암모니아와 트라이메틸아민trimethyl amine, TMA 때문인데 TMA는 약한 단맛을 내는 트라이메틸아민옥사이드trimethylamine oxide, TMAO가 세균에 의해 환원되면서 생성된 것이다그림 8-3. 생선 100 g 중 트리메틸아민이 3 mg이면 냄새가 나기 시작하고 30 mg 이상이 되면 강한 비린내가 난다.

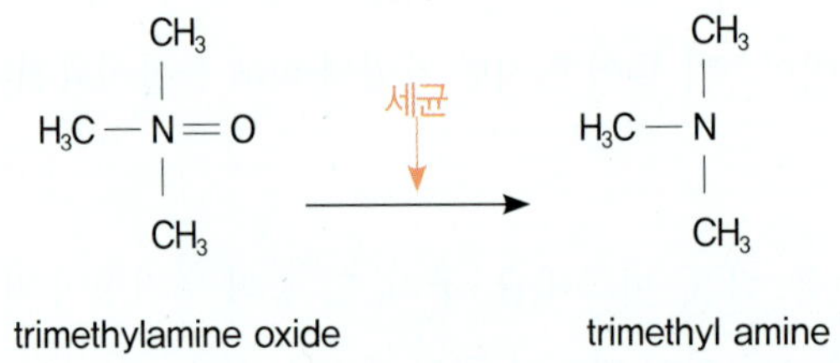

그림 8-3 생선 비린내의 생성

상어, 홍어, 가오리 등에서 심한 암모니아 냄새가 나는 것은 체내에 특히 많은 요소urea를 갖고 있어서 선도가 저하되면 요소는 효소에 의해 분해되면서 암모니아를 생성하기 때문이다. 담수어의 비린내는 라이신에서 생성된 피페리딘piperidine과 아세트알데하이드acetaldehyde가 축합된 것이다.

알고 갑시다

식초로 도마를 닦는 이유는?

도마 위에서 생선 등을 손질하면 단백질이 분해되면서 생긴 암모니아와 트라이메틸아민 등의 염기성 물질에 의한 비린내가 남게 된다. 이때 식초를 이용하면 산과 염기의 중화반응으로 비린내가 사라진다.

③ 색소성분

어육의 색소 중 참치나 고등어 살의 붉은색은 마이오글로빈과 헤모글로빈에 의한 것인데 이것은 선도가 떨어지면 산화되어 메트마이오글로빈이 되면서 변색이 일어난다. 갈치의 은색은 구아닌guanine, 오징어먹물의 검은색은 멜라닌melanin 색소 때문이다. 신선한 오징어는 갈색의 색소포를 갖지만 선도가 떨어지면서 색소포가 수축되어 흰색이 되고 더 시간이 경과하면 체액이 약알칼리성으로 변하면서 붉은색이 나타난다. 새우나 게의 껍질에는 붉은색인 잔토필에 속하는 아스타잔틴astaxanthin이 단백질과 결합하여 청록색을 띤다. 이것에 열을 가하면 단백질이 변성되어 색소가 표면으로 드러나면서 산화가 일어나 아스타신astacin으로 변하게 되고 껍질의 색이 붉게 변한다그림 8-4. 전복이나 조개류의 청색은 구리를 함유하는 헤모사이아닌hemocyanin 때문이다.

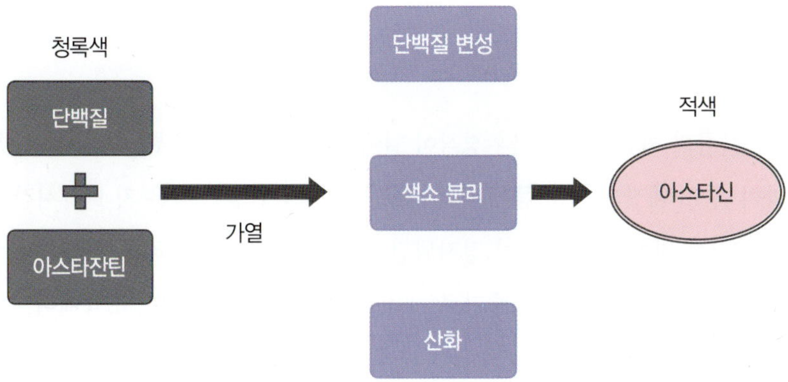

그림 8-4 갑각류의 색 변화

④ 독성성분

어패류의 독성은 체내에서 직접 생성되기도 하고 먹이인 유독 플랑크톤 등이 축적되면서 생기기도 한다. 대표적인 독은 복어의 테트로도톡신tetrodotoxin으로 복어의 종류나 계절에 따라 함유량이 차이가 난다. 복어 독은 난소에 가장 많고 간, 피부, 내장의 순이며 근육에는 거의 없다. 주로 늦가을에서 초봄까지의 산란기에 난소에 가장 많은데 물에 녹지 않고 가열해도 사라지지 않는다.

조개류의 독성물질
- 대합, 홍합 : 삭시톡신
- 모시조개, 바지락, 굴 : 베네루핀
- 고둥, 소라 : 테트라민

알고 갑시다

굴을 먹어서는 안 되는 시기는?

영국에서 굴은 월(月)의 이름에 r이 들어가면 안심하고 먹을 수 있다고 한다. 9월에서 4월까지는 영어의 월 명칭에 r이 들어가고 5월에서 8월은 r자가 들어가지 않는다. 즉 더운 계절에는 굴을 먹지 말라는 뜻이다.

3. 사후 변화와 신선도

1) 사후 변화

(1) 사후경직

어류도 육류와 마찬가지로 사후경직이 일어난다. 어패류의 종류, 죽기 전의 상태, 죽은 후 방치 온도, 내장의 유무 등에 따라 다르지만 경직현상은 죽은 지 1~7시간에 시작되어 5~22시간 지속된다. 호흡이 정지되면 산소의 공급이 차단되어 근육 중의 글리코젠은 젖산으로 분해되고 젖산의 증가로 근육 내의 산도는 낮아진다. 근육에너지인 ATP가 분해되기 시작하여 경직되다가 pH 5.4~5.5가 되면 최대 경직상태가 된다.

어류는 저장된 글리코젠의 양이 육류에 비해 적기 때문에 사후경직이 빠르다. 붉은살생선은 흰살생선보다 사후경직이 빨리 시작되고 지속시간도 짧다. 또 운동량이 많은 것, 포획 시 많이 움직여서 젖산 생성이 많아진 것, 어획 후 실온에 오래 방치된 것은 그렇지 않은 것에 비해 사후경직이 빨리 일어난다.

(2) 자가소화

경직이 완료되면 근육 내 여러 가지 효소에 의하여 근육의 분해가 일어나는 데 이를 자가소화라 한다. 어류는 육류에 비해 자가소화가 빨리 일어나고 자가소화가 진행된 생선은 조직이 연하지고 풍미가 떨어진다. 육류의 자가소화는 맛과 풍미를 더 좋게 해 주지만 어패류의 경유는 신선도에 좋지 않은 영향을 준다. 따라서 자가소화가 시작되기 전인 사후경직기가 가장 맛있는 시기이다.

자가소화는 효소에 의한 것이므로 냉장 저장에 의해 억제할 수 있다. 어류를 잡은 즉시 냉장 또는 냉동시키면 조직의 글리코젠이 보존되고 사후경직이 늦춰진다.

(3) 부패

자가소화로 근육이 연화되면서 어류의 내장이나 아가미 등에 있던 세균이 번식하면 부패를 일으키게 된다. 세균에 의해 트라이메틸아민옥사이드에서 트라이메틸아민으로 환원되면서 좋지 못한 비린내의 원인이 된다. 그밖에 세균과 효소작용으로 아미노산 또는 여러 가지 성분이 분해되어 아민류, 지방산, 암모니아 등을 생성해서 비린내와 부패취의 원인이 되고 유독성 아민류인 히스타민이 생겨서 알레르기나 두드러기 등의 중독을 일으킨다.

살아있는 상태에서 회를 뜬 것을 활어회라 하고, 죽은 지 3~5시간이 지나 경직이 시작되고 24시간이 지나 완전 경직이 일어난 것은 선어라 하며 선어회나 초밥 등으로 활용한다. 죽은 지 60시간까지는 구이나 찜 등 가열조리에 활용하지만, 그 이후는 부패가 일어나므로 요리에 사용할 수 없다. 그림 8-5는 살아있는 어류에서부터 부패까지의 시간 경과에 따른 활용 음식을 나타낸 것이다.

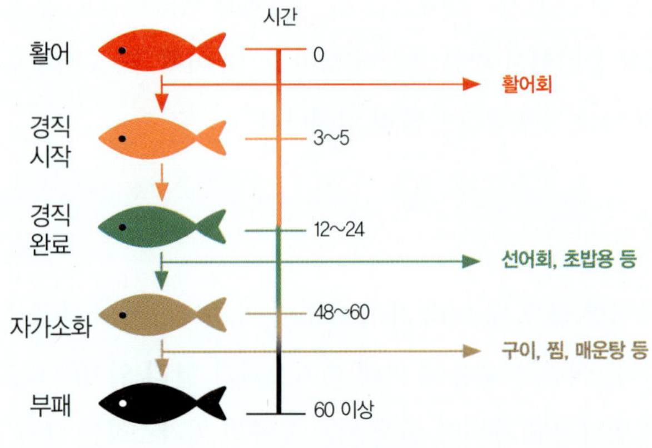

그림 8-5 신선도에 따른 어류의 활용

2) 신선도 판정법

생선의 신선도 판정법에는 아가미, 눈, 근육, 배와 표피 상태를 보는 관능적 판정방법과 세균수, 암모니아 형태의 질소, 휘발성 염기질소, pH 등으로 판단하는 이화학적 판정법이 있다표 8-1.

표 8-1 신선도 판정법

분류	항목	내용
관능검사	아가미	들어보았을 때 선홍색이며 단단하게 닫혀 있는 것
	눈	충혈되지 않고 약간 돌출되어 있는 듯한 느낌
	근육	단단하고 탄력 있는 것, 뼈와 잘 떨어지지 않는 것
	표피	광택이 있고 비늘이 떨어지지 않은 것
	배	단단하고 팽팽한 것
	냄새	비린내가 아닌 신선한 냄새가 나는 것
	기타	갑각류는 다리가 떨어지지 않은 것, 패류는 껍질이 깨지지 않은 것, 들어보았을 때 무게감이 있는 것

(계속)

분류	항목	내용
이화학적 검사	세균수	신선 : 1 g의 근육 내 세균수 10^3 이하 부패 : 1 g의 근육 내 세균수 10^7~10^8 이상
	암모니아 형태의 질소	부패 : 암모니아 형태의 질소 30 mg% 이상
	pH	신선 : pH 7~8 부패 : pH 6.2~6.5 이하
	휘발성 염기질소	부패 : 30~40 mg% 이상

알고 갑시다

수산물이력제Seafood Traceability System란?

어장에서 식탁에 이르기까지 수산물의 이력정보를 기록, 관리하여 소비자에게 공개함으로써 수산물을 안심하고 선택할 수 있도록 하는 제도이다. 매장에 설치된 단말기나 가정의 인터넷을 통해 수산물이력추적관리시스템(www.fishtrace.go.kr)에서 정보를 확인할 수 있다.

4. 어패류의 조리원리

1) 비린내 제거

(1) 물로 씻기

어패류는 조리 전에 표면과 내부에 있는 불순물들을 물로 씻어서 먼저 제거해야 한다. 어류의 비린내를 유발하는 트라이메틸아민과 피페리딘은 수용성이고 이들 성분은 대부분 생선 겉 표면의 점액에 많기 때문에 물로 씻으면 어느 정도 냄새를 없앨 수 있다. 이때 소금물보다는 흐르는 물로 씻는 것이 적합한데 소금물은 호기성 장염비브리오균이 번식하기 쉽기 때문이다.

(2) 산 첨가

생선의 비린내 성분인 트라이메틸아민과 암모니아는 염기성이기 때문에 식초나 레몬 등의 산을 첨가하면 중화되어 비린내가 줄어든다. 회 등 생선요리에 레몬을 곁들이는 것이나 생선에 사용했던 칼과 도마를 식초로 닦아낸 다음 물로 헹구는 것도 같은 이유이다.

알고 갑시다

생선요리에 타르타르소스가 잘 어울리는 이유?

타르타르소스에 함유되어 있는 레몬의 산이 생선의 비린내를 중화시켜줄 뿐 아니라 살균효과가 있고 상큼한 신맛이 요리의 맛을 더 좋게 하기 때문이다.

(3) 콜로이드용액 첨가

된장이나 고추장은 특유의 향미를 지니면서 콜로이드에 의한 강한 흡착력으로 비린내를 없앤다. 또 생선을 우유에 담가두면 우유 단백질인 카세인 입자가 트라이메틸아민을 흡착하여 제거한다.

알고 갑시다

매운탕을 끓일 때 된장이나 고추장은 언제 넣는 것이 좋을까요?

된장이나 고추장은 생선의 비린내를 제거하지만 다른 조미료의 침투를 지연시키므로 나중에 넣는 것이 좋다.

(4) 양념 첨가

파, 마늘, 양파 등의 향신성 채소는 자체의 강한 향이 어류의 냄새를 약화시킬 수 있다. 또 생강의 매운맛 성분인 쇼가올shogaol과 진저론zingerone은 미각의 감각을 둔화시키고, 산과 마찬가지로 트라이메틸아민과 결합하여 비린내 성분을 변성시켜 냄새를 줄일 수 있다. 생강은 어류를 가열하여 단백질을 변성시킨 후 넣는 것이 좋은데 이는 어류 단백질이 생강의 탈취작용을 방해하기 때문이다 .

겨자의 시니그린sinigrin은 효소의 작용으로 가수분해되어 자극성의 머스타드 오일 mustard oil이 되면서 미뢰를 둔화시켜 비린내를 덜 느끼게 한다. 또한 술은 조리과정에서 알코올이 휘발될 때 비린내도 같이 휘발하므로 비린내 제거의 효과가 있고 술에 들어 있는 숙신산도 비린 냄새를 줄여준다.

알고 갑시다

회나 초밥에 고추냉이를 같이 먹는 이유?

고추냉이의 시니그린 배당체에서 미로시네이스myrosinase에 의해 생긴 매운맛 성분인 알릴아이소티오시아네이트allylisothiocyanate가 비린내를 감소시키기 때문이다.

(5) 기타

녹차 물에 생선을 헹군 후 조리하거나 녹차잎을 생선과 같이 먹으면 녹차의 플라보놀flavonol 성분이 냄새를 흡착하므로 비린내를 줄일 수 있다. 보리굴비에 녹차를 곁들여 먹는 것도 같은 원리이다.

알고 갑시다

조개 해감하기

조개는 문질러 씻어 표면의 더러움을 없앤 후 바닷물과 비슷한 농도인 2~3%의 소금물에 넣고 검은 비닐 등으로 덮어 둔다. 1~2시간 지나 모래 등을 토해낸 조개는 다시 물로 씻어서 해감을 완료한다. 바지락은 해수와 담수가 섞인 곳에 서식하기 때문에 상온에서 담수의 물에 넣어 어두운 곳에 두면 해감이 잘 된다.

2) 조리에 의한 변화

(1) 가열에 의한 변화

어패류는 가열에 의해 근육단백질이 응고, 수축하면서 수분과 감칠맛이 빠져 나오고 무게도 감소한다. 결합조직 단백질인 콜라겐은 열에 의해 수축하면서 생선 껍질이 찢어지거나 살이 오그라든다. 이때 진피층 아래에 있던 지방이 빠져 나오는 것은 생선구이에서 흔히 볼 수 있는 현상이다. 생선구이를 할 때 석쇠나 팬에 살이 달라붙는 것을 열 응착성이라 하는데 이것은 마이오겐 단백질이 가열에 의해 결합이 끊어지면서 분자 표면으로 노출된 반응기가 팬의 면과 결합한 것이다. 팬이나 석쇠구이를 할 때 식용유를 바르면 기름막이 형성되어 열 응착성이 방지된다.

또 생선을 물과 함께 오래 끓이거나 조리면 콜라겐은 젤라틴으로 변한다. 젤라틴은 졸 상태로 변하였다가 식으면 젤화되어 굳는다. 냉장고에서 꺼낸 생선조림의 국물이 젤리처럼 되어 있는 것이 그 예이다.

알고 갑시다

효과적인 대게 요리법

너무 많은 물에 게를 넣고 삶으면 게의 맛성분이 빠져 나와 버리기 때문에 보통 크기의 대게 1마리는 물 3리터에 소금 3큰술을 넣고 20분 정도 찐 후 5분간 뜸 들이는 것이 좋다. 게를 찔 때는 딱지를 아래로 가게 하면 맛성분의 손실을 막을 수 있다.

(2) 소금에 의한 변화

어패류에 소금을 넣으면 단백질의 변성이 일어난다. 1~2%의 소금은 어류에서 수분을 빠져 나오게 하여 살을 단단하게 하는데 이러한 현상은 생선구이나 생선전 등에 활용된다. 2~6%의 소금은 어육에서 액틴과 마이오신을 용출시키고 이것이 서로 결합하면서 입체적 망상구조인 액토마이오신actomyosin을 형성하여 점성과 탄력성을 증가시킨다. 이러한 성질은 어묵 제조에 활용된다. 10~15%의 소금은 탈수와 응고를 일으키고 효소성분도 제거하여 세균 번식을 억제하는데 이것은 젓갈이나 생선의 염장 등에 활용된다.

(3) 산에 의한 변화

식초나 레몬즙 등의 산은 어패류의 pH를 등전점 부근에 도달시키면서 단백질을 응고시켜 살을 단단하게 한다. 또 산은 알칼리성인 트라이메틸아민을 중화시켜 비린내를 감소시키며 세균 번식에 대한 살균작용도 한다. 생선회나 생선구이 등을 먹을 때 레몬즙을 뿌리거나 식초가 들어간 초고추장에 찍어먹는 것 등이 그 때문이다.

알고 갑시다

큰 새우 손질법

새우의 머리를 제거할 때 머리 부분을 꺾어서 천천히 빼면 몸통에 있는 내장까지 한꺼번에 제거할 수 있다.

5. 어패류의 조리

1) 회

살아있는 생선을 손질하여 바로 썰어내는 것을 활어회라 하고, 살아있는 생선을 잡아서 일정 시간 저온에 숙성시킨 것은 숙성회, 죽은 생선이지만 횟감으로 사용 가능한 신선한 생선을 숙성시킨 것을 선어회라 한다. 우리나라 사람들은 씹히는 맛을 즐기기 때문에 살아있는 생선을 바로 잡아 회로 먹는 것을 즐기는 반면, 일본 사람들은 일정 기간 숙성과정을 거친 것을 즐긴다. 숙성회는 생선의 크기에 따라 차이가 있지만 보통 1~3일간 숙성시키는데 다시마에 싸서 숙성시킬 때는 12~24시간이 필요하다. 최근 우리나라에서도 바로 잡은 생선을 4~6시간 정도 숙성시켜 일반 활어회보다 감칠맛을 살린 회를 즐긴다. 숙성회는 숙성과정에서 생긴 이노신산에 의해 육질이 부드러워지고 감칠맛이 생긴다.

흰살생선과 붉은살생선 등 두 종류의 생선회를 먹을 때는 맛이 담백한 흰살을 먼저 먹는 것이 회의 맛을 제대로 느끼는 방법이다. 회는 써는 방법에 따라 맛이 달라지는 데 살이 부드러운 붉은살생선은 두껍게 썰고, 살이 단단한 흰살생선은 얇게 써는 것이 각각의 식감을 잘 살릴 수 있다.

알고 갑시다

효과적인 회 손질

회를 썰 때는 칼날이 길고 얇은 회칼을 사용하여 마찰을 줄이는 것이 중요하므로 칼의 손잡이 부분부터 칼날 끝까지 당기면서 한 번에 써는 것이 좋다. 또한 생선 손질과정에서 작업자의 손에 의해 온도가 올라가면 맛이 나빠지므로 얼음물에 손을 담가 가면서 온도를 유지한다.

2) 구이

생선을 구울 때는 생선의 모양을 그대로 유지하면서 굽는 것이 중요하다. 석쇠나 팬에 생선살이 눌러 붙지 않게 하기 위한 방법으로는 석쇠나 팬을 충분히 달구고 기름을 바르는 것 외에 생선 표면에 식초를 바르는 방법이 있다. 식초가 단백질을 변성시켜 열

알고 갑시다

생선을 효과적으로 굽는 방법?

생선은 그릇에 담을 때 윗면이 되는 쪽을 먼저 굽는다. 뒷면을 구울 때 앞면의 근육조직이 뒷면에서 전달되는 열에 의해 변형되어 모양이 망가지고 뒷면의 지방으로 인해 얼룩이 생기기 쉽기 때문이다. 반면 맛성분의 손실을 줄이기 위해서는 껍질 쪽을 먼저 굽는 것이 좋다.

응착성을 막기 때문에 쇠꼬챙이에 생선을 끼워 구울 때도 꼬챙이에 식초를 바르면 쉽게 뺄 수 있지만 식초의 신맛이 생선의 맛을 방해하기 때문에 실제 활용성은 낮다.

생선을 구울 때 껍질이 찢어지거나 오그라드는 것은 진피층을 구성하는 콜라겐이 가열에 의해 수축하기 때문이다. 따라서 생선의 껍질에 칼집을 내면 이러한 현상을 막아 모양을 잘 유지할 수 있다.

3) 전

생선전은 동태 등 흰살생선을 이용한다. 소금을 뿌린 후 생선의 물기를 제거한 다음 팬에 올리기 바로 전에 밀가루를 묻히는 것이 좋다. 미리 밀가루를 묻혀 두면 밀가루가 물기를 흡수하여 끈적해지고 팬에 올렸을 때 들러붙기 쉽기 때문이다.

4) 조림

조림은 생선의 종류와 크기에 따라 조리방법을 달리한다. 민물생선이나 붉은살생선과 같이 비린내가 많이 나는 것은 양념을 강하게 하고, 생선을 통째로 조리거나 크기가 큰 것은 군데군데 칼집을 내어 표면적을 크게 하여 열 전달을 좋게 한다. 조림은 양념이 끓기 시작할 때 생선을 넣어야 하는 데 이렇게 하면 생선 표면의 단백질이 응고되어 풍미가 빠지는 것을 방지하고 생선의 모양도 잘 유지된다. 생선 단백질인 콜라겐은 가열에 의해 젤라틴으로 변하는데 생선조림의 국물이 식으면 굳어지는 것은 젤라틴이 젤화되었기 때문이다.

5) 탕, 찌개

탕이나 찌개에는 비린내가 덜하고 살이 단단한 대구, 우럭, 생태, 민어, 조기 등의 흰살생선이 적합하다. 또 탕이나 찌개에 게를 넣고 끓이면 맛이 훨씬 좋아지는데 이는 게에 들어 있는 이노신산에 의한 맛의 상승작용뿐 아니라 글리신, 알라닌 등의 아미노산과 단맛을 내는 베테인 등의 질소화합물, 포도당, 젖산 등의 맛 성분이 우러나면서 조미료 역할을 하기 때문이다.

단원정리

다음의 내용을 이해하셨나요?

1. 어패류의 구조와 성분
2. 사후 변화와 신선 어류 선택법, 비린내 제거법
3. 어패류의 조리 시 변화
   - 가열에 의한 변화
   - 소금에 의한 변화
   - 산에 의한 변화
4. 효과적인 어패류의 조리방법

9

CHAPTER

달걀

1. 달걀의 구조 | 2. 달걀의 성분 | 3. 달걀의 품질 | 4. 달걀의 조리원리

학습목표

- 달걀의 구조 및 성분의 특징을 설명할 수 있다.
- 신선란의 특성 및 저장 중의 변화를 설명할 수 있다.
- 달걀의 조리원리를 설명할 수 있다.

달걀은 우수한 아미노산으로 이루어진 양질의 단백질 급원식품이며, 각종 비타민과 무기질을 고루 함유한 완전식품이라 일컬어지고 있다. 또한 생산량이 풍부하여 값이 저렴하고, 계절이나 지역에 따른 공급량에 크게 변동이 없어 편리하게 이용할 수 있으며 다양한 조리특성으로 폭넓게 사용된다.

1. 달걀의 구조

달걀의 구조는 그림 9–1과 같이 한쪽은 약간 뾰족하고 한쪽은 더 둥근 모양의 타원형으로 난각과 난각막, 난백, 난황으로 크게 나뉜다.

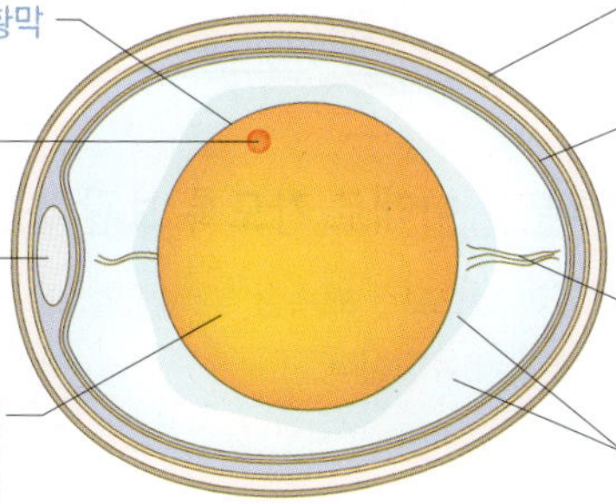

그림 9–1 달걀의 구조

1) 난각과 난각막

난각은 두께가 보통 0.3 mm 정도이며 10,000개 내외의 기공이 있는 다공질로서 공기를 유통하고 수분을 증발시킨다. 신선한 난각에는 까끌까끌한 큐티클층이 존재하여 기공을 통한 세균의 침입을 막아주고 있으나 세정을 하거나 저장 중에 마모되면 큐티클이 제거되므로 신선도를 유지하기 어렵다.

알고 갑시다

난각의 색

시중에서 판매되고 있는 달걀의 난각은 흰색과 갈색으로, 이것은 닭의 품종에 따라 나타나는 것이며 난각의 색에 따라 달걀의 품질, 영양성분에 영향을 주지는 않는다. 다만 갈색란의 난각은 흰색란의 난각보다 대체로 두껍고 강도가 크다.

난각의 안쪽에는 두 겹의 막이 존재한다. 바깥쪽에 있는 외난각막은 난각에 단단하게 붙어 있어 외부 미생물의 침입이나 달걀 내부의 수분 증발을 방지하는 효과가 있다. 산란 시 온도 차이로 인해 두 난각막 사이가 벌어진 뒤 저장 중 수분과 이산화탄소의 증발이 일어나면서 달걀의 내용물이 줄어들게 되고 난각막 사이가 더 벌어지면서 달걀의 둥근 부분에 공기집이 생긴다.

알고 갑시다

달걀의 뾰족한 부분을 아래로 가도록 보관하는 이유는?

달걀 껍질의 기공은 둥근 부분에 많이 있으므로 뾰족한 부분을 밑으로 보관하면 기공을 통해 호흡하고 탄산가스가 잘 배출되어 신선도가 유지된다.

2) 난백

달걀의 50~60%를 차지하는 난백은 점도의 차이에 따라 묽은난백(수양난백)과 된난백(농후난백)으로 구분할 수 있다. 묽은난백은 난황을 둘러싸고 있는 내 묽은난백과 된난백을 둘러싸고 있는 외 묽은난백으로 구분되는데, 그 위치를 보면 난각에 가까운 쪽부터 묽은난백–된난백–묽은난백의 순서로 존재한다. 신선한 달걀의 된난백은 전체 난백 중 약 60% 정도를 차지하지만, 산란 후 시간이 지남에 따라 점차 수양화되어 그 비율은 낮아진다.

또한 난백에는 난황을 중심에 고정해 주는 알끈이 있는데, 저장기간이 길어지면 힘이 약해져 난황이 한쪽으로 치우치게 된다.

3) 난황

달걀의 30~33%를 차지하는 난황은 얇고 탄력성 있는 난황막에 싸여 있으며 알끈으로 연결되어 달걀의 중앙에 놓이게 된다. 저장기간이 길어지면 알끈이 약해져 중앙에 위치하지 못하며 난황막은 약해져서 터지기 쉽다.

2. 달걀의 성분

달걀의 영양성분은 표 9-1과 같으며 다음과 같은 특징을 나타낸다.

표 9-1 달걀의 영양성분 (가식부 100 g 기준)

식품	에너지 (kcal)	수분 (g)	단백질 (g)	지질 (g)	회분 (g)	탄수화물 (g)	당류 (g)	총식이섬유 (g)	철 (mg)
달걀	140	76.7	12.86	8.51	0.87	1.07	0.22	0	1.90
난백	50	87.7	11.46	0.05	0.65	0.14	0.12	0	0.01
난황	326	51.7	15.66	25.18	1.70	5.77	0.04	-	5.92

출처 : 농촌진흥청 국립식량과학원, 국가표준식품성분 DB 10.3(2025)

1) 수분

달걀의 수분은 약 76% 정도이며 난백의 수분 함량이 난황에 비해 높다.

2) 단백질

달걀의 단백질 함량은 약 12% 정도이며 단백가가 100인 완전단백질로, 필수아미노산과 메싸이오닌, 시스틴 같은 함황아미노산의 함량이 높다.

난백 성분 중 단백질은 수분을 제외하고 가장 높은 비율을 차지하는 것으로, 오브알부민ovalbumin이 50% 이상을 차지하며, 그 외에 콘알부민conalbumin, 오보뮤코이드ovomucoid, 오보글로불린ovoglobulin, 오보뮤신ovomucin, 라이소자임lysozyme, 아비딘avidin으로 구성되어 있다. 난백단백질의 특성은 표 9-2와 같다.

표 9-2 난백단백질의 특징

난백단백질	특징
오브알부민	당단백질로 난백단백질 중 가장 많은 비율 차지
콘알부민	당단백질로 금속이온(철, 구리, 알루미늄 등)과 결합하여 열에 안정화되며 색 변화 초래
오보뮤코이드	당단백질로 단백질분해효소인 트립신 작용 억제
오보글로불린	거품 형성에 기여
오보뮤신	된난백의 구조 형성 및 거품의 안정화에 기여
라이소자임	항균성을 지니며 오보뮤신과 함께 된난백의 구조 형성 및 거품의 안정화에 기여
아비딘	비타민 B군의 하나인 바이오틴과 결합하여 바이오틴의 활성 저해

난황에는 고형분 중 단백질이 약 1/3을 차지하며, 인단백질인 바이텔린vitellin, 바이텔리닌vitellinin에 지질이 결합한 형태인 리포비텔린lipovitellin, 리포비텔리닌lipovitellinin과 수용성 단백질인 리베틴livetin, 인단백질인 포스비틴phosvitin으로 구성되어 있다.

3) 지질

난백에는 지질이 거의 없으며 난황은 고형분 중 약 2/3가 지질이다. 난황에 포함된 지질의 약 1/3이 인지질이며, 레시틴lecithin과 세팔린cephalin으로 구성되어 있다. 인지질, 특히 레시틴은 유화성이 매우 커서 수중유적형oil in water, O/W 유화액을 만드는 유화제로 사용된다.

4) 기타

달걀은 각종 무기질을 고루 함유하고 있으며 특히 인과 황이 풍부하고 철의 우수한 급원이다. 난황 중에 존재하는 철은 소화・흡수되기 쉬워 체내 이용가치가 높다.

난황에는 수용성인 비타민 B군과 지용성인 비타민 A・D가 풍부하고, 난백에도 비타민 B군이 함유되어 있다.

난황의 주된 색소는 잔토필xanthophyll에 속하는 루테인과 제아잔틴이며, 난백의 형광색은 리보플래빈에 의한 것이다. 난황의 색은 닭의 품종과는 관계없고 사료의 성분에 따라 차이가 나는데, 사료에 푸른잎채소나 풀을 섞어주면 푸른잎채소나 풀에 존재하는 잔토필의 영향으로 색이 진한 난황을 얻을 수 있다.

3. 달걀의 품질

1) 달걀의 규격 및 등급

우리나라에서는 달걀의 규격을 크기에 따라 왕란, 특란, 대란, 중란, 소란 등 5개 기준으로 나누며 그 크기의 기준은 표 9–3과 같다. 품질등급은 '축산물 등급판정 세부기준' 제24조(계란의 품질등급 판정기준)에 근거하여 투광을 통한 판정 등을 실시한 후 그 결과를 종합하여 1+, 1, 2의 3개 등급으로 나눈다.

달걀은 문제가 되는 달걀을 선별하여 제거한 후 세척, 오일 코팅 등을 거쳐 유통되는데, 포장용기에는 규격 및 품질등급, 등급판정일 등을 표시하며 난각에는 산란일자를 포함한 생산 관련 정보를 표시하여야 한다그림 9-2.

표 9-3 달걀의 중량에 따른 분류

규격	왕란	특란	대란	중란	소란
중량	68 g 이상	60~68 g 미만	52~60 g 미만	44~52 g 미만	44 g 미만

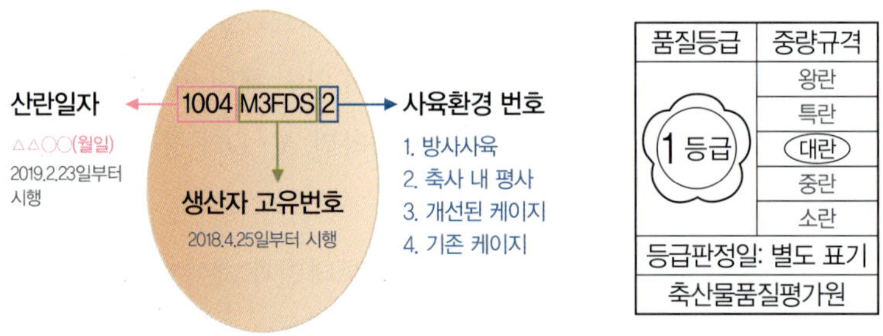

그림 9-2 난각 및 포장용기의 표시 예

알고 갑시다

달걀 껍데기 표시사항 판독서비스

식품의약품안전처는 '달걀 껍데기의 산란일자 표시제'가 전면 시행됨에 따라 달걀 껍데기의 안전정보를 소비자가 직접 확인할 수 있도록 '달걀 껍데기 표시사항 조회 서비스'를 실시한다. 이번 서비스는 스마트폰에서 '내손안(安) 식품안전정보' 모바일 앱(달걀 정보 검색)을 통해 달걀 껍데기 표시사항을 직접 입력하거나 사진을 찍으면 사육환경 · 농가정보 등과 함께 농가 위치를 지도에서 확인할 수 있다.

알고 갑시다

동물복지 유정란이란?

동물복지 유정란은 인간이 동물을 이용함에 있어 윤리적인 책임을 가지고 동물의 건강한 생존에 필요한 기본적인 조건(동물복지 인증기준)을 보장한 환경에서 산란한 유정란을 말하며 조건을 충족하는 경우 인증마크를 부여한다.

- 유정란 : 암탉과 수탉의 짝짓기 후 산란한 달걀
- 무정란 : 암탉 혼자서 만든 달걀로 부화되지 않으며 유정란과 영양학적 차이는 거의 없음

2) 달걀의 신선도 판정법

(1) 투광 판정

투광 판정은 달걀을 깨지 않고 내용물을 살펴본 후 신선도를 판정하는 방법이다. 어두운 곳에서 달걀을 회전시키면서 강한 광선을 비추면 난각은 광선을 투과하므로 파각 여부 외에 공기집의 크기, 난황의 위치와 팽창 정도, 난백의 유동 상태, 기타 이상란 여부 등을 살펴볼 수 있다.

(2) 할란 판정

할란 판정은 달걀을 깨뜨려서 내용물을 보고 신선도를 판정하는 방법이다.

① 난황계수

난황계수 = 난황의 높이/난황의 지름

난황계수는 난황이 얼마나 넓게 퍼졌는가의 정도를 판정하는 것으로, 난황의 높이를 난황의 지름으로 나눈 값이다. 신선한 달걀의 난황계수는 0.44~0.36 정도이며 오래될수록 난황이 납작해지면서 그 값은 작아진다그림 9-3. 난황계수가 0.25 이하인 것은 달걀을 깨뜨릴 때 난황막이 터지기 쉬우므로 주의해야 한다. 간혹 노계에서 얻은 달걀의 경우 신선란이라 하더라도 난황계수가 작거나 난황막이 약해서 쉽게 난황이 터지는 경우가 발생한다.

신선한 달걀 오래된 달걀

그림 9-3 신선도에 따른 깨뜨린 달걀의 특징 비교

② 된난백의 비율

전체 난백의 무게에 대한 된난백의 무게를 백분율로 표시한 것으로, 신선한 달걀의 경우는 약 60%이며, 오래된 것일수록 된난백의 비율이 감소하고 묽은난백의 양이 증가한다.

난백계수 = 난백의 높이/난백의 지름

③ 난백계수

난백계수는 난백의 높이를 난백의 지름으로 나눈 값으로, 신선한 달걀의 경우 0.14~0.17 정도를 나타내며 오래될수록 난백의 수양화로 넓게 퍼져 그 값은 작아진다그림 9-3.

HU = 100 $\log(H-1.7w^{0.37}+7.6)$
H : 된 난백의 높이(mm)
W : 달걀의 무게(g)

④ 호우단위

호우단위Haugh unit, HU는 달걀의 무게와 된난백의 높이를 이용하여 공식에 따라 달걀의 신선도를 판단하는 방법이다. 신선한 달걀의 HU는 85 이상이며 시간이 지남에 따라 HU 값은 작아진다.

(3) 간이 판정

간이 판정은 달걀을 깨지 않고 간단하게 신선도를 판정하는 방법이다.

① 외관검사

껍질이 까끌까끌하며 광택이 없는 것, 균열이 없는 것이 신선한 것이다. 오래된 것은 껍질이 반들반들하며 광택이 있다.

② 진음법

달걀을 흔들었을 때 내용물이 꽉 차 있어서 흔들림이 없는 것이 신선한 것이다. 오래된 것은 알끈이 약해지고 수분 증발로 내용물이 감소하면서 공기집이 형성되어 출렁거리는 진동음을 낸다.

③ 비중법

신선한 달걀은 비중이 1.08~1.09로, 10%의 소금물에 담갔을 때 가라앉는다. 반면 신선도가 저하됨에 따라 둥근 부분에 공기집이 생기면서 비중이 감소하므로 위로 떠오르게 된다. 달걀을 소금물에 담갔을 때 신선한 정도에 따라 떠오르는 모양이 달라지는데 이는 그림 9-4와 같다.

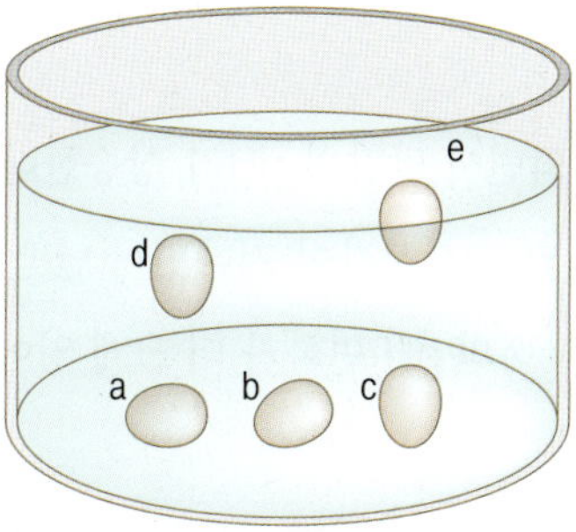

a: 산란 직후의 달걀
b: 산란 일주일 후의 달걀
c: 산란 2주일 후의 달걀(보통 상태의 달걀)
d: 오래된 달걀
e: 부패한 달걀

그림 9-4 비중에 의한 달걀의 신선도 판정

3) 달걀의 저장 중 변화

산란 직후 신선한 상태의 달걀은 유통과 저장 시간이 지남에 따라 다음과 같은 다양한 변화를 보이며 품질이 떨어지게 된다.

① 공기집의 증가

달걀은 저장 중에 난각의 기공을 통하여 수분과 이산화탄소가 손실되기 때문에 무게가 감소하고 그로 인해 공기집의 크기는 커진다.

② 난황의 변화

난황막으로 둘러싸인 난황은 난백보다 농도가 높아 난백의 수분이 난황으로 이동하는 현상이 나타난다. 따라서 난황의 크기가 증가하고 난황막이 약화하여 납작한 모양을 보이며 달걀을 깨뜨릴 때 난황이 터지기 쉽게 된다. 또한 알끈이 약화하여 난황의 위치가 중심에서 벗어나기 쉽다.

③ 난백의 수양화

달걀의 저장기간이 길어지면 된난백이 묽은난백으로 변화되어 달걀을 깨뜨렸을 때 넓게 퍼지는 것을 볼 수 있다. 이는 난백의 알칼리화로 인해 된난백 중에 함유된 오보뮤신의 다이설파이드결합(S–S 결합)이 감소하여 오보뮤신 분자가 파괴됨으로써 점성이 감소하기 때문이다.

④ pH의 상승

난각의 기공을 통하여 이산화탄소가 소실되면서 달걀의 pH가 상승한다. 산란 직후에는 pH가 난백은 7.3~7.5, 난황은 6.0 정도였으나 시간이 지나면서 난백은 9.0~9.7, 난황은 6.8 정도까지 높아지며, 난황에 비해 난백의 pH 변화가 더 크게 일어난다.

이와 같이 달걀은 저장 중에 신선도의 변화가 큰 편이며, 그 정도는 온도와 습도에 따라 영향을 받아 온도가 높을수록 빨리 일어나므로 품질 유지를 위해 냉장 보관하는 것이 적절하다.

알고 갑시다

달걀의 유통 및 보관

달걀의 보관에 있어 온도와 습도는 중요한데 보관온도가 높아질수록, 습도가 높아질수록 유통기간은 짧아진다. 일반적으로 실온(25~30℃)에서는 7일, 냉장 보관(0~10℃) 시는 35일 정도로 알려져 있다.

(계속)

식용란에 대한 보관 온도별 권장 유통기간

포장 후의 보관온도	냉장(0~10℃)	10~20℃	20~25℃	25~30℃
권장 유통기간(안)	35일	21일	14일	7일

출처 : 농림축산식품부 계란제품 위생관리 종합대책

그러나 달걀은 구입 당시의 신선도 상태가 더 중요하므로 달걀의 신선도를 직접 확인하는 것이 바람직하다.

4. 달걀의 조리원리

달걀은 저렴한 가격에 우수한 영양성분뿐 아니라 열 응고성, 기포성, 유화성 등 다양한 조리 특성을 가지고 있어 다양한 역할로 음식에 활용되는데 그 예는 표 9-4와 같다.

표 9-4 달걀의 활용

조리 특성	역할	음식의 예
열 응고성	농후제(음식을 걸쭉하게 함)	알찜, 커스터드, 푸딩
	결합제(점성과 응고성으로 결착력 보임)	만두소, 크로켓, 전
	청정제(불순물 침전)	고깃국, 맑은장국, 커피, 콩소메
기포성	팽창제(기포 만듦)	스펀지케이크, 엔젤케이크, 머랭, 마시멜로
	결정화 방지제(설탕의 결정화 방지)	셔벗, 캔디
	내열제	아이스크림튀김
유화성	유화제	마요네즈
색	장식	지단

1) 열 응고성

응고란 유동성을 가진 졸에서 흐르지 않는 젤 상태로 되는 것을 의미하는 것으로, 달걀은 단백질의 변성에 의해 응고가 일어난다. 단백질의 변성을 일으키는 요인으로 산, 알칼리, 염, 교반, 가열 등 여러 조건이 있지만 조리 시 중요한 것은 가열에 의한 응고이다.

달걀이 응고되는 온도는 난백과 난황에서 차이를 보이는데, 난백은 60℃ 부근에서 응고를 시작하여 65℃에서 흐르지 않게 완전히 응고하며, 그 이상으로 온도를 올리면 질감은 더욱 단단해진다. 난황은 난백보다 조금 높은 온도인 65℃ 부근에서 응고를 시작하여 70℃에서 완전히 응고되며, 온도를 더 높게 하면 난황이 더욱 굳게 응고되어 광택을 잃고 부서지기 쉬운 상태가 된다. 이렇게 열에 의한 응고는 넓은 온도 범위에서 점차적으로 일어나므로 가열 시점에 따라 반숙, 완숙 등의 다양한 형태가 된다그림 9-5.

달걀의 열 응고성은 단백질의 농도, 가열온도, 염, pH, 설탕 등에 의해 영향을 받는다.

5분 정도 | 8분 정도 | 12분 정도 | 15분 정도

그림 9-5 끓는 물에서의 가열시간에 따른 달걀 응고 상태

① 단백질의 농도

단백질의 농도가 높을수록 응고온도가 낮아지는데 이는 응고가 쉽게 일어남을 의미한다. 달걀찜은 물을 첨가하여 희석하는 조리로, 농도가 낮아지면 응고가 잘 일어나지 않으므로 응고온도는 높아지고 질감은 부드러워진다.

② 가열온도

달걀을 가열하는 온도에 따라 응고속도와 응고물의 질감이 달라진다. 높은 온도에서 가열하면 응고시간은 짧아지지만, 응고물은 수축이 많이 일어나 질감이 단단해지며 기공이 생기기 쉽다. 반면 낮은 온도에서 가열하면 응고시간은 길어지지만 부드럽고 연한 질감을 얻을 수 있다. 달걀을 완전히 응고시키기 위해서는 70℃에서 약 90분, 85~90℃에서 25~35분, 98~100℃에서 12분 정도가 소요된다.

③ 염

염을 첨가하게 되면 열 응고성이 증가하는데, 이는 단백질의 전하를 중화시켜 응집성을 높이는 것으로 원자가가 클수록 응고 효과는 크게 일어난다($Na^+ < Ca^{2+}$). 달걀을 조리할 때 소금이나 우유를 첨가하면 응고가 쉽게 일어나는 것이 그 예이다.

④ pH

산을 첨가하여 pH를 단백질의 등전점 부근으로 만들면 열 응고성이 최대가 되어 낮은 온도에서도 쉽게 응고된다.

⑤ 설탕

설탕은 단백질의 변성을 억제하는 성질이 있으므로 설탕을 첨가하면 달걀의 응고온도가 높아지며 부드러운 응고물을 형성한다. 설탕과 달걀을 사용한 커스터드나 푸딩의 경우 달걀의 응고온도가 높아지며, 응고온도를 높이는 정도는 그 첨가량에 비례하므로 과량의 설탕을 첨가하면 응고가 잘 일어나지 않는다.

2) 기포성

달걀의 기포성은 난백에서 나타나는 성질로, 저어줄 때 변성된 난백단백질이 공기를 둘러싸면서 거품이 형성되는 것이다. 이때 생성된 거품은 팽창제로 이용되어 음식을 팽창시켜 가벼운 조직감을 주며 큰 결정의 형성을 방지하는 역할도 한다. 기포성을 이용한 대표적인 음식에는 머랭, 스펀지케이크 등이 있다.

기포성은 거품이 생기기 쉬운 정도인 기포 형성력과 거품이 액체로 돌아가지 않고 안정하게 유지되는 기포 안정성으로 나눌 수 있으며, 기포 형성력과 기포 안정성 모두를 갖추어야 좋은 기포성을 지녔다고 할 수 있다.

난백의 기포성에 관여하는 단백질은 글로불린계로 오보글로불린, 오보뮤신 등이 있다. 오보글로불린은 액체의 표면장력을 낮추어 거품 형성이 잘되도록 기여하며, 오보뮤신은 된난백의 성분으로 점성을 부여함으로써 거품의 안정성을 높인다.

난백의 기포성에 영향을 주는 요인은 다음과 같다.

① 달걀의 신선도

난백의 점성이 커지면 기포 형성력은 감소하지만 기포 안정성은 커진다. 신선한 달걀은 된난백이 많아 노후란에 비해 점성이 크므로 기포 형성력은 떨어지는 반면, 안정성은 우수하여 거품을 잘 유지한다. 반대로 노후란은 난백의 수양화가 일어나 점도가 작으므로 기포 형성력이 우수하여 거품이 쉽게 만들어지고 양도 많지만 안정성이 떨어진다.

② 온도

냉장고에서 바로 꺼낸 달걀보다는 30℃ 전후의 실온에 어느 정도 방치한 달걀을 사용할 때 거품 형성이 쉽다. 그 이유는 실온인 경우 난백의 점성이 낮아져 기포 형성력이 커지기 때문이다. 그러나 이 기포는 안정성이 낮아 액체가 분리되기 쉬우므로 안정된 기포를 얻으려면 냉장고에서 꺼낸 뒤 바로 전동식 교반기로 거품을 내는 것도 좋은 방법이다.

③ 설탕

설탕은 단백질의 변성을 억제하는 성질이 있어 난백에 설탕을 첨가하여 거품을 낼 때 거품이 형성되기까지 걸리는 시간이 길어지지만, 점성의 증가로 인해 기포 안정성은 커진다. 그러므로 스펀지케이크나 머랭처럼 설탕을 첨가해야 하는 경우는 난백을 교반하여 거품이 어느 정도 형성된 후에 설탕을 첨가하면서 마무리하는 것이 맛과 거품의 안정화를 함께 얻을 수 있는 방법이다.

④ 산

난백을 교반하여 거품이 어느 정도 형성되었을 때 소량의 레몬즙이나 주석산을 첨가하면 pH가 낮아져 난백단백질의 등전점과 가까워지고 표면장력과 점도가 저하되어 난백의 기포 형성력이 향상된다. 그러나 과량 첨가되면 기포 형성력이 오히려 나빠진다.

⑤ 염

소금을 첨가하면 기포 안정성이 감소하나, 실제 조리에서는 소금의 사용범위가 1% 미만이므로 크게 영향을 주지 않는다.

⑥ 지질

지질은 소량이라도 첨가되면 난백의 기포 형성을 방해한다. 거품을 내기 위해 난황과 난백을 분리하는 과정에서 소량의 난황이라도 난백에 혼입되면 난황에 함유된 지질로 인해 기포 형성력이 저하되므로 주의해야 한다.

⑦ 액체

난백을 거품내기 전 희석하기 위해 물이나 기타 액체를 첨가하게 되면 난백의 점성이 감소하여 거품 형성은 잘되지만, 안정성은 저하된다.

⑧ 교반방법

난백을 교반하면 난백단백질의 결합이 끊어지고 풀어지면서 얇은 막을 형성하게 되고 그 안에 공기를 포함하면서 거품이 형성된다. 교반을 오래 할수록 거품 양은 증가하고 기포의 크기는 작아지지만, 지나치면 최대 안정 지점을 넘어서 거품이 깨지기 쉽게 된다.

교반기의 종류에 따라서도 기포성이 달라지는데, 교반기의 날이 가늘수록 작고 안정된 기포가 형성된다. 또한 전동식 교반은 수동식 교반보다 회전속도가 빨라 같은 시간 내에서의 기포 형성력이 더 크므로 된난백이 많은 신선란을 이용하여 거품을 낼 때는 전동식 교반기를 이용하는 것이 좋다.

그 외에 교반할 때 사용하는 그릇은 윗면보다 밑면이 좁고 둥근 것이 효과적이다.

3) 유화성

난백과 난황 모두 유화성을 지니며, 난황의 유화력이 난백의 유화력에 비하여 약 4배 정도 크다. 난황은 수중유적형 유화액인 동시에 천연유화제로 활용이 되는데, 난황의 높은 유화력은 주로 인지질인 레시틴에 의해 나타나는 성질이다. 레시틴은 친수기와 친유기를 동시에 갖고 있어 천연의 유화제로 작용하는 것이다. 난황의 유화성을 이용한 대표적인 식품은 마요네즈이다.

4) 변색

달걀을 100℃의 끓는 물에서 15분 이상 가열하면 난황의 표면이 암녹색으로 변한다. 그 이유는 심한 가열로 난백의 함황단백질로부터 황이 떨어져 나와 황화수소H_2S를 형성하게 되고 형성된 황화수소가 압력이 낮은 난황 쪽으로 이동하여 난황의 철과 결합하면서 암녹색의 황화제일철FeS을 형성하기 때문이다.

이러한 달걀의 변색은 달걀의 pH와 가열 정도에 따라 변색 정도가 달라지므로 그 조건을 잘 조절하면 변색을 방지할 수 있다.

① pH

달걀의 신선도가 저하되어 pH가 상승하면, 즉 알칼리 조건에서는 단백질로부터 황의 분리가 쉬워 황화제일철의 형성이 잘된다. 그러므로 변색을 방지하려면 신선한 달걀을 사용하는 것이 좋다.

② 가열 온도 및 시간

100℃에서 15분 이상 가열하면 황화제일철이 생성되므로 시간을 줄여 12분 정도만 가열함으로써 황화수소가 철과 결합하기 전 가열을 마치는 것이 좋다. 또한, 70℃에서 1시간 가열하거나 85℃에서 30~35분간 가열하여도 황화제일철이 형성되지 않으므로 가열온도를 낮추는 것도 좋은 방법이다.

③ 빠른 냉각

적절한 가열시간에 맞춰 달걀을 삶은 후 찬물에 바로 냉각하면 난백에서 생성된 황화수소가 압력이 낮은 외부 쪽으로 이동하여 난각을 통해 빠져나가므로 변색을 방지할 수 있다.

5. 달걀의 조리

(1) 삶은 달걀

삶은 달걀은 열 응고성을 이용한 음식으로 난백과 난황의 응고온도가 다르기 때문에 가열 온도와 시간을 달리하면 완숙 또는 반숙란 등 다양하게 조리할 수 있다.

차가운 달걀을 바로 뜨거운 물에 넣어 삶게 되면 두께가 고르지 못한 달걀 껍질 중 약한 부분에 균열이 생겨 깨지기 쉬우므로 주의해야 한다. 또한 장식을 위해 난황의 위치를 중앙으로 고정하고자 할 때는 달걀을 삶을 때 단백질이 응고되기 전의 온도부터 달걀을 굴리면서 삶는 것이 좋다.

(2) 수란

수란은 껍질을 벗긴 달걀을 끓는 물에 넣어 85℃ 정도의 온도에서 익히는 조리법으로, 난황부가 둥글고 두툼하며 난백이 난황을 완전히 덮고 난백이 하늘거리는 부드러운 상태로 응고된 것이 좋은 형태이다.

신선하지 않은 달걀을 사용할 때는 된난백이 묽어져서 물에 흩어지기 쉬우므로 모양을 내기 어렵다. 이때 물에 약간의 식초나 소금을 첨가하여 조리하면 달걀단백질의 응고가 촉진되어 모양을 만들기 쉽다. 또한 코팅된 국자나 수란기에 달걀을 넣은 후 중탕의 형태로 익히는 방법도 있는데 이 경우 모양이 퍼지는 문제를 해결할 수 있다.

(3) 달걀찜

달걀찜은 용기에 달걀을 잘 풀고 희석한 후 중탕으로 익힌 것으로, 표면과 내부에 기포가 없고 매끄러우며 윤기가 나고 입안에서의 촉감이 부드러울 뿐 아니라 달걀찜을 수저로 떴을 때 분리되는 수분의 양이 적은 것이 잘 만들어진 형태이다.

달걀찜의 조리는 가열 정도, 희석 정도, 첨가물 등에 따라 그 결과가 달라진다. 가열온도가 높을수록 가열시간이 길수록 달걀찜이 단단해지고 액체가 많이 분리되어 입안에서의 촉감이 나쁘다. 그러므로 기포가 생기지 않고 부드러운 질감을 가지려면 100℃보다 낮은 온도에서 찌는 것이 좋은데 이를 위해서는 물이 끓은 후 불을 약하게 조절하고 뚜껑을 약간 열어 수증기를 날려 보내는 것이 좋다. 또 희석 정도는 기호에 따라 50~70% 정도의 농도를 유지하는 것이 적당하다.

(4) 스크램블드에그

스크램블드에그는 달걀을 풀고 우유 등의 액체와 잘 섞은 뒤 기름을 두른 팬에 붓고 저으면서 익힌 것으로, 촉촉하고 부드러우며 가벼운 질감을 지닌 것이 좋은 형태이다.

(5) 프라이드에그

프라이드에그는 껍질을 깐 달걀을 기름을 두른 팬에 익힌 것으로, 익히는 정도에 따라 다음과 같이 구분된다.

- 서니 사이드 업sunny side up : 뒤집지 않고 한쪽만 익힌 형태
- 오버 이지over easy : 뒤집어서 앞뒤로 익힌 것으로 난백을 살짝 익힌 형태

- 오버 미디움over medium : 뒤집어서 앞뒤로 익힌 것으로 난황을 반 정도 익힌 상태
- 오버 하드over hard : 뒤집어서 앞뒤로 익힌 것으로 난황을 완전히 익힌 상태

(6) 오믈렛

오믈렛은 달걀을 풀고 수분을 첨가한 뒤 기름을 두른 팬에 넣고 저으면서 익힌 것으로, 어느 정도 익으면 뒤집개로 접으면서 긴 타원형의 모양을 만들어간다. 오믈렛은 촉촉하면서 부드러운 질감을 갖는 것이 좋은 형태이다.

오믈렛은 소금과 후추로 조미해 만드는 플레인 오믈렛plain omelet과 난백과 난황을 분리하여 거품을 낸 후 만드는 포미 오믈렛foamy omelet이 있다.

(7) 커스터드

커스터드는 달걀찜과 같이 열 응고성을 이용한 대표적 음식이다. 달걀에 설탕, 우유 등을 넣고 잘 풀어준 뒤 오븐 조리 또는 중탕으로 가열하여 만드는 것으로, 부드럽고 기공이 없는 것이 좋은 형태이다.

(8) 머랭

머랭은 달걀의 기포성을 이용한 대표적인 음식으로 난백에 설탕과 향신료를 넣고 강하게 거품을 낸 것이다. 과자류에 장식하여 오븐에 살짝 굽기도 하고 거품 낸 것만으로 예쁜 모양을 만들어 낮은 온도로 구워 쿠키를 만들기도 한다.

알고 갑시다

감동란 만들기

요즘 편의점에서 판매하고 있는 감동란은 말 그대로 삶은 달걀의 맛이 감동을 주는 맛이어서 붙여진 이름으로, 반숙된 달걀에 간이 배어 있어 따로 소금을 찍어 먹을 필요가 없는 게 가장 큰 특징이다. 반숙 정도가 되도록 달걀을 삶은 후 진한 소금물에 넣고 냉장고에서 5~10시간 정도 절여서 간도 배고 저장성도 좋아진다.

단원정리

다음의 내용을 이해하셨나요?

1. 달걀 구조의 특징
2. 신선란의 특징
3. 저장 중 달걀의 변화
4. 달걀의 조리 특성
   - 열 응고성과 영향 인자
   - 기포성과 영향 인자
   - 유화성
   - 녹변 현상과 방지법

10

CHAPTER

우유와 유제품

학습목표

- 우유의 성분을 알고 영양적 의미를 설명할 수 있다.
- 우유의 특성을 알고 조리 중 열에 의한 응고, 산, 효소, 염류 등에 의한 변화의 원리를 설명할 수 있다.
- 유제품의 종류, 특징 및 가공 원리를 설명할 수 있다.

1. 우유의 성분

우유는 원유를 살균 또는 멸균 처리한 것으로 우유 가공에 사용되는 원유는 젖소의 혈통과 개체, 분만 횟수, 착유 방법, 사료, 기온 등에 따라 성분의 차이가 있다.

우유는 약 87.6%의 수분과 단백질 3.09%, 지질 3.85%, 탄수화물 4.86%, 그 밖에 비타민, 무기질, 효소, 유기산, 풍미 성분으로 구성되어 있다표 10-1.

표 10-1 우유의 일반성분 (가식부 100 g 기준)

구분	에너지 (kcal)	수분 (g)	단백질 (g)	지질 (g)	회분 (g)	탄수화물 (g)
우유	67	87.6	3.09	3.85	0.65	4.86

출처: 농촌진흥청 국립식량과학원, 국가표준식품성분 DB 10.3(2025)

1) 단백질

우유의 단백질은 약 80%의 카세인casein과 약 20%의 유청단백질whey protein로 구성되어 있다.

유청

산이나 레닌의 작용으로 카세인이 응고되고 남은 상층액

레닌

송아지의 제4위에 존재하는 응유효소로 40~45℃가 최적 온도임

(1) 카세인

우유 중 카세인은 칼슘과 인이 결합한 칼슘 포스포카제이네이트calcium phosphocaseinate 형태로 존재하며 안정한 콜로이드 상태의 입자인 마이셀micelle을 이루고 있다. 우유에 산을 첨가하여 카세인 등전점인 pH 4.6 전후가 되면 카세인은 칼슘이온 대신 수소이온과 결합하여 침전하고 칼슘은 유청에 남는다. 카세인은 산, 레닌, 폴리페놀화합물에 의해 응고되지만 열에 안정하여 가열 시에는 잘 응고되지 않는다.

알고 갑시다

카세인 마이셀이란?

카세인 마이셀casein micelle은 α_{s1}-카세인, α_{s2}-카세인, β-카세인, κ-카세인으로 구성되며 각각의 비율은 약 4 : 1 : 3 : 1이다. α_{s1}-, α_{s2}-, β-카세인은 소수성으로 내부에 위치하고 κ-카세인은 친수성으로 외부에 위치하여 안정적인 마이셀micelle 구조를 이루고 있다. 그림과 같이 κ-카세인은 주로 바깥쪽 서브마이셀에 많이 함유되어 있어 물에서 잘 분산한다. 카세인 마이셀의 고형성분 중 90% 이상이 카세인으로 구성되어 있고, 나머지는 대부분 인산칼슘이다. 약 20 nm 정도의 서브마이셀 여러 개를 인산칼슘이 연결하고 있어 하나의 마이셀은 평균 약 30~300 nm 정도 크기를 이룬다.

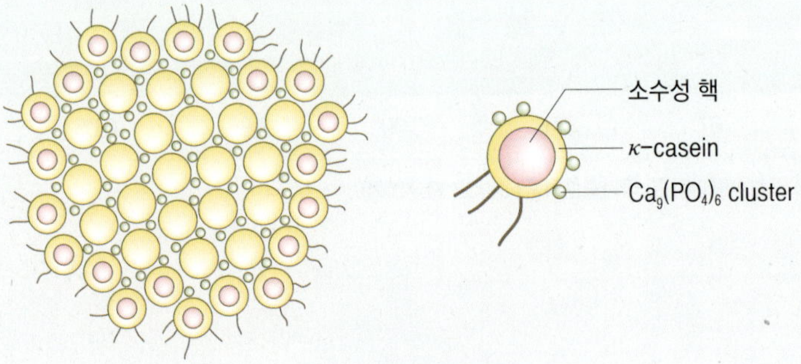

카세인 마이셀 구조

(2) 유청단백질

유청단백질은 50%의 β-락토글로불린lactoglobulin과 25%의 α-락트알부민lact-albumin, 그 외 면역글로불린, 혈청알부민 등으로 구성되어 있다. 유청단백질은 비교적 열에 약하여 조리 시 65℃ 이상의 가열로 응고되나 산 또는 레닌에 의하여 응고되지 않는다.

2) 지질

우유 중 지질은 3.8%로 중성지질, 인지질, 당지질, 스테롤 등으로 구성되어 있으며, 유지방은 60~70%의 포화지방산과 25~35%의 불포화지방산으로 구성되어 있다. 유지방 중에는 탄소수가 적은 저급지방산의 함량이 많아 우유 섭취 시 소화와 흡수가 잘되지만, 라이페이스lipase의 작용으로 인하여 유리지방산이 생성되면 불쾌한 맛과 냄새를 형성하므로 살균 시 효소를 불활성화시켜야 한다.

3) 탄수화물

우유의 탄수화물은 4.8%로 유당이 99%를 차지하고 그 외 포도당, 갈락토스의 형태로 존재한다. 당은 조리 시 캐러멜화caramelization에 의한 갈색 형성에 영향을 주며, 유당은 장내 젖산균의 발육을 왕성하게 하고 체내 칼슘 흡수에 도움을 준다.

유당불내증
락테이스 결핍으로 유당을 분해하지 못하여 설사를 하거나 복통을 일으키는 증상으로 아시아인에게 주로 나타남

4) 비타민

우유 중에는 비타민 A, 비타민 D 등 지용성 비타민과 싸이아민, 리보플라빈, 나이아신, 바이오틴 등 수용성 비타민이 다양하게 존재한다. 리보플래빈은 다른 비타민에 비하여 많은 양이 함유되어 있으나 광선에 약하여 빛에 의해 파괴된다.

5) 무기질

우유에는 약 0.6~0.7%의 무기질이 있으며 칼륨, 칼슘, 인, 황, 마그네슘, 나트륨과 미량의 철, 아연, 구리 등을 함유하고 있다. 우유 속 칼슘의 1/3은 용해된 형태로 존재하며, 2/3는 카세인-인-칼슘이 결합된 형태로 존재한다.

6) 향

우유에는 아세톤, 아세트알데하이드, 다이메틸설파이드, 저급지방산 같은 저분자 물질이 함유되어 있어 신선한 우유의 향을 낸다.

7) 색

우유의 색은 우유에 분산되어 있는 지방구, 카세인과 인산칼슘이 콜로이드 용액으로 분산된 것에 빛이 반사되어 형성되며, 카로텐과 리보플래빈이 함유되어 있어 유백색 또는 담황색을 약하게 지닌 형광백색을 띤다.

2. 우유의 가공

우유의 가공은 그림 10-1과 같은 순서로 이루어진다.

그림 10-1 우유의 가공과정

1) 원유 검사 및 표준화

원유에 대한 위생검사는 집유 전 검사와 실험실 검사로 구분한다. 집유 전 검사에는 관능검사, 비중검사, 알코올 검사, pH 검사와 진애검사를 실시하나 진애검사는 필요한 경우에만 실시한다. 실험실 검사로는 적정산도 검사, 세균수 검사, 체세포수 검사, 세균

알고 갑시다

우유의 원유 등급

우유의 원유는 세균 및 체세포 수에 따라 등급이 결정된다. 건강한 젖소에서 바로 짠 원유의 세균 수는 1 mL당 약 500~1,000개이나, 착유기에서 관을 통해 탱크로 옮겨지면서 그 수는 10배 이상 증가한다. 세균수는 원유가 청결하게 관리되는지를 알아보는 지표로 시판되는 우유의 원유 등급은 세균수 등급으로 표시한다. 체세포 수는 젖소의 건강 상태를 나타내는 지표로 체세포 수가 적을수록 건강한 상태를 나타낸다.

세균수		체세포수	
등급	1 mL당 세균 수	등급	1 mL당 체세포 수
1A등급	3만 미만	1등급	20만 미만
1B등급	3만~10만 미만	2등급	20만~35만 미만
2등급	10만~25만 미만	3등급	35만~50만 미만
3등급	25만~50만 미만	4등급	50만~75만 미만
4등급	50만 이상	5등급	75만 이상

출처: 이경애 외 3인, 2019.

발육억제물질 검사와 성분 검사를 진행한다.

우유의 표준화standardization는 우유제품의 종류와 규격에 따라 원유의 지방, 무지고형분, 강화성분 등을 조정하고 성분을 규격에 맞추도록 하는 과정이다. 원유는 우유의 규격에 맞도록 성상, 비중, 산도, 무지유고형분, 유지방, 세균수, 대장균수, 포스파테이스phosphatase, 젖산균 수 등 성분의 표준화를 거쳐야 한다.

2) 균질화

생우유를 그대로 방치하면 밀도 차에 의해 지방구가 위로 떠올라 크림층을 형성하여 분리된다. 이러한 현상을 방지하기 위하여 착유 직후 고압으로 작은 구멍을 통과시켜 우유 속의 큰 지방구를 작은 지방구로 쪼개는 균질화과정을 거치게 된다그림 10-2.

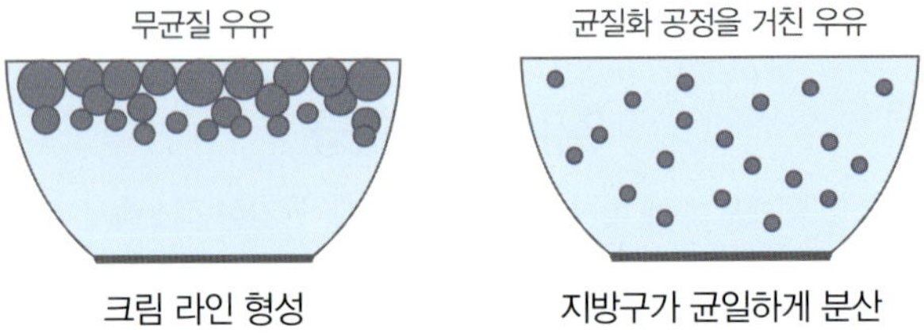

그림 10-2 균질화의 효과

균질화homogenization에 의해 미세한 지방구는 균일하게 분산되어 지방이 분리되는 것을 방지할 수 있다. 영양성분의 변화는 없으나 우유가 더욱 부드러워지고 색은 하얗게 되며 지방구가 작아져 우유의 소화와 흡수를 증진시킨다. 반면에 우유의 지방구 표면적이 증가하여 불포화지방산의 산화가 쉽게 일어나고 이로 인한 산패취 발생이 쉬워진다.

3) 살균 및 멸균

원유는 박테리아, 효모, 곰팡이 등의 미생물이 번식하기 쉬워 반드시 살균 처리 후 섭취해야 한다. 유통 및 보관 시 우유의 불쾌한 냄새를 줄 수 있는 효소들도 살균 시 제거하도록 하여야 한다. 우유의 살균pasteurization 및 멸균sterilization 방법은 저온장시간살균법low temperature long time pasteurization, 고온단시간살균법high temperature short time pasteurization, 초고온단시간살균법ultra high temperature short time pasteurization, 초고온순간멸균법ultra high temperature sterilization이 있으며 조건 및 특징은 표 10-2와 같다.

표 10-2 우유의 살균 및 멸균 방법

방법		조건	특징
살균법	저온장시간살균법	63~65℃, 30분	• 시간이 오래 걸림 • 색, 풍미, 영양성분의 변화가 가장 적음
	고온단시간살균법	72~75℃, 15~20초	• 세균 오염이 적음 • 한 번에 많은 양을 처리할 수 있음

(계속)

방법		조건	특징
살균법	초고온단시간살균법	120~130℃, 2~3초	• 우유의 성질 변화 최소화 • 대부분의 미생물 살균
멸균법	초고온순간멸균법	135~150℃, 0.5~5초	• 우유를 초고온순간멸균 후 특수포장용기에 무균 진공 포장하므로 상온에서 보관 가능함

3. 우유의 조리원리

1) 가열에 의한 변화

(1) 유청단백질 응고와 피막 형성

유청단백질은 65℃ 전후에서 응고하기 시작하므로 우유를 뚜껑이 없는 냄비에 담고 60℃ 이상 서서히 가열하면 우유 표면에 열 변성된 α-락트알부민, β-락토글로불린이 막의 형태로 모이고, 염과 지방구가 혼합 · 응고되어 피막을 형성하며 수분 증발로 인하여 용액 내 카세인, 지방, 무기질의 농도가 증가되어 팬의 바닥에 눌어붙음 현상이 나타난다. 피막은 수분이 증발하는 것을 방해하여 우유가 끓어 넘치게 하므로 이를 방지하기 위해서는 가열하는 동안 피막이 형성되지 않도록 계속 저어주거나 중탕으로 가열해야 한다.

(2) 당과 단백질 작용에 의한 갈색화

우유를 고온에서 장시간 가열하면 유당의 캐러멜화에 의해 갈색화가 일어나고 아미노기를 가진 카세인과 카보닐기를 가진 유당의 마이얄반응에 의해서도 갈색화가 일어난다.

(3) 가열취 생성

우유를 75℃ 이상에서 가열하면 β-락토글로불린의 열 변성에 의해 활성화된 -SH 기와 황화수소(H_2S)가 발생하여 특유한 익은 냄새가 난다.

2) 산에 의한 변화

우유에 레몬을 넣으면 산에 의해 카세인이 응고되고 칼슘은 유청에 남게 된다. 이러한 원리를 이용하여 만드는 코티지치즈, 크림치즈, 모차렐라치즈 등은 칼슘의 함량이 적다.

알고 갑시다

토마토 크림수프를 만들 때 응고 방지법

토마토 크림수프를 만들 때 우유에 토마토를 넣으면 산의 작용으로 카세인의 등전점에 가까워지고, 카세인 응고가 일어난다. 응고를 방지하기 위해서는 토마토 등을 넣을 때 살짝 데쳐 유기산을 휘발시킨 후 사용하거나 천천히 저으면서 조금씩 넣고 가능한 한 가열시간을 짧게 하는 것이 좋다.

3) 레닌에 의한 변화

우유에 레닌을 첨가하면 안정한 콜로이드 상태인 카세인 마이셀의 외부에 위치한 κ-카세인은 para-κ-카세인과 가용성의 글리코펩타이드로 분해되어 글리코펩타이드가 유리된다. 마이셀 표면의 para-κ-카세인은 마이셀을 안정화시키는 힘을 잃게 되고 마이셀 구조가 불안정해져 카세인 마이셀이 서로 달라붙어 카세인이 응고한다.

레닌에 의한 응고원리를 이용한 치즈는 산에 의해 응고된 치즈보다 칼슘 함량이 더 많다. 레닌은 60℃ 이상에서 열에 의해 불활성화되고 최적 온도는 40~42℃이다. 낮은 온도에서는 반응이 서서히 일어나며 부드러운 응고물을 형성하고 높은 온도에서는 딱

딱한 응고물을 형성한다.

4) 페놀화합물과 염류에 의한 변화

우유에 채소나 과일을 첨가하면 채소나 과일에 함유된 페놀화합물인 타닌이 우유의 카세인을 응고시킨다. 우유에 햄을 넣고 가열하면 응고되는데 이는 햄에 들어 있는 염 때문에 나타나는 현상이다.

4. 우유의 조리

우유는 조리 시 농도 및 강도 조절기능, 탈취기능, 갈색화 작용 등으로 다양하게 이용된다.

(1) 농도 및 강도 조절기능

우유는 수프, 소스 조리 시 부드러운 질감, 맛, 향 등의 풍미를 증진시키고, 백색을 부여할 뿐만 아니라 농도 조절도 한다. 푸딩을 제조할 때 우유를 첨가하면 우유의 칼슘과 염류에 의해 푸딩의 젤 강도가 강화된다.

(2) 탈취기능

조리 시 우유에 생선을 담가 놓으면 우유의 흡착성 때문에 비린 냄새가 흡수된다.

(3) 갈색화 작용

빵, 케이크, 쿠키 제조 시 우유의 유당은 단백질(아미노산)과 마이야르 반응을 일으켜 갈색을 부여한다.

5. 우유와 유제품

1) 우유

원유 100%를 살균이나 멸균 처리하여 포장용기에 담은 것을 우유라고 한다. 그 밖에 가공 기준에 따라 다양한 종류의 우유가 있으며 표 10-3과 같다.

표 10-3 우유의 종류

분류	종류	내용
우유류 원유 또는 원유에 비타민이나 무기질을 강화하여 살균 또는 멸균처리한 것이거나, 살균 또는 멸균 후 유산균, 비타민, 무기질을 무균적으로 첨가한 것 또는 유가공품으로 원유성분과 유사하게 환원한 것을 살균 또는 멸균처리한 것	우유	원유를 살균 또는 멸균처리한 것(원유 100%)
	강화우유	우유에 비타민 또는 무기질을 강화한 것(원유 100%, 단, 강화제 제외)
	환원유	원유성분과 유사하게 환원하여 살균 또는 멸균처리한 것으로 유고형분(전지분유와 성분규격이 같은 것) 11% 이상의 것
	유산균첨가 우유	우유에 유산균을 첨가한 것(원유 100%, 단, 유산균 제외)
저지방우유류 원유의 유지방분을 부분 제거한 것에 비타민이나 무기질을 강화한 것을 살균 또는 멸균처리한 것, 살균 또는 멸균 후 유산균, 비타민, 무기질을 무균적으로 첨가한 것, 또는 유가공품을 저지방상태로 환원하여 각각 살균 또는 멸균 처리한 것	저지방 우유	원유의 유지방분을 2% 이하로 조정하여 살균 또는 멸균한 것(원유 100%)
	환원 저지방우유	유가공품으로 저지방우유와 유사하게 환원한 것으로 무지유고형분(탈지분유와 성분규격이 같은 것) 8% 이상의 것
	강화 저지방우유	저지방우유에 비타민 또는 무기질을 강화한 것(원유 100%, 단, 강화제 제외)
유당분해우유 원유, 우유 또는 저지방우유를 유당분해 효소로 처리하여 유당을 분해 또는 유당을 물리적으로 제거한 것이나, 이에 비타민, 무기질을 강화한 것으로 살균 또는 멸균처리한 것(원유, 우유 또는 저지방 우유 100%).	유당분해우유	원유의 유당을 분해 또는 제거한 것이나, 이에 비타민, 무기질을 강화한 것으로 살균 또는 멸균처리한 것
	저지방 유당분해 우유	원유의 유당을 분해 또는 제거하여 유지방분을 2% 이하로 조정한 것이나, 이에 비타민, 무기질을 강화한 것으로 살균 또는 멸균처리한 것

[참고문헌] 축산물의 가공기준 및 성분규격(2011, 농림수산검역검사본부 발행) pp.25~27

2) 분유

분유는 원유 또는 탈지유를 그대로 가공하거나 식품 또는 식품첨가물을 첨가하여 가공한 분말로 저장 중 산패취 생성이 쉬워 오랜 기간 저장할 수 없다.

분유의 종류로는 전지분유, 탈지분유, 가당분유, 혼합분유 등이 있다. 전지분유는 원유에서 수분을 제거하여 가루로 만든 것이며, 탈지분유는 유지방 0.5% 이하의 탈지유에서 수분을 제거하여 가루로 만든 것이다. 가당분유는 원유에 설탕, 과당, 포도당, 올리고당류 등의 당류를 첨가하여 가루로 만든 것이며, 혼합분유는 원유, 전지분유, 탈지유 또는 탈지분유가 50% 이상인 것으로 곡분, 곡류가공품, 코코아가공품, 유청, 유청분말 등의 식품 또는 식품첨가물을 첨가하여 가공한 가루를 말한다.

조제분유는 유아의 성장에 필요한 요구조건에 따라 영양소를 첨가하여 모유와 비슷하게 조제하여 만든 분말우유를 말한다. 분유에 함유된 유당은 용해도가 낮아 냉수에 잘 녹지 않는다.

3) 연유

연유는 원유 또는 저지방우유를 그대로 농축하여 수분을 60% 정도 증발시켜 농축시킨 것으로 당이 첨가되지 않은 것은 무당연유, 15% 정도의 설탕을 첨가하여 농축시킨 것은 가당연유이다.

4) 크림

원유를 원심분리하거나 오래 방치하여 유화 상태가 깨지면 비중의 차이로 인하여 지방이 물 위로 떠올라 크림층을 형성하는데, 이때 형성된 크림을 살균 처리한 것이 생크림이다. 생크림은 표 10-4와 같이 유지방 함량에 따라 구분한다. 발효크림은 젖산균을 첨가하여 발효시킨 것으로 사워크림sour cream이 대표적이며 유지방이 18% 이상이다.

표 10-4 유지방 함량에 따른 생크림의 종류와 특징

유지방 함량	종류	용도
약 18~20%	커피크림	커피
약 40%	휘핑크림	케이크, 과일, 디저트
약 80%	플라스틱크림	아이스크림, 버터

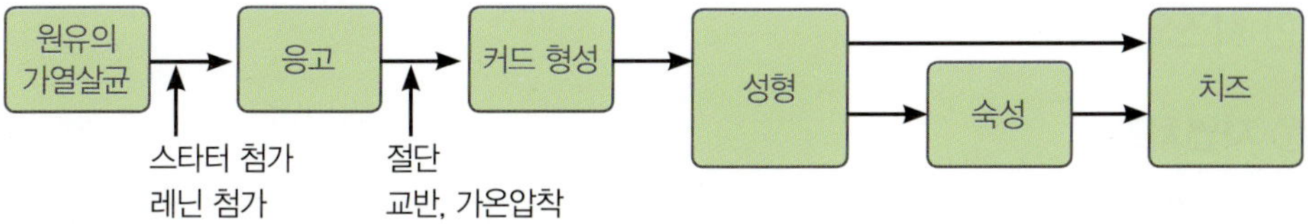

5) 버터

버터는 우유로부터 분리한 크림을 천천히 교반churning하여 지방 입자만 유출시켜 만든 유중수적형w/o 유화 형태로 약 16%의 물과 80% 이상의 지방으로 구성되어 있다. 버터는 소금 첨가 유무에 따라 1.5~2% 식염을 첨가한 가염버터, 첨가하지 않은 무염버터로 나뉜다. 또한 발효 유무에 따라 발효버터와 천연버터인 감성버터로 나뉘는데, 발효버터는 크림에 젖산균을 첨가하여 향기를 좋게 하고 크림의 점도를 낮추어 유지방의 분리를 쉽게 하여 만든 것이고, 감성버터는 소금, 당분을 첨가하여 만든 것으로 테이블 버터로 이용한다.

버터는 4℃ 이하 냉장에서 4개월, −25℃ 냉동에서는 1년 동안 저장이 가능하나, 보관기간이 그 이상 경과하면 품질이 저하되며, 흡착성이 강하여 냉장고 안의 냄새를 흡수할 수 있으므로 밀봉하여 보관한다.

6) 치즈

(1) 치즈의 제조 공정

치즈는 숙성 유무에 따라 숙성치즈와 비숙성치즈로 나눈다. 우유에 젖산균이나 레닌, 산 등을 첨가하여 생성된 커드를 성형하여 만든 비숙성치즈와 세균이나 곰팡이 등을 작용시켜 만든 숙성치즈가 있다그림 10-3.

그림 10-3 치즈의 제조 공정

(2) 치즈의 종류

① 자연치즈

자연치즈natural cheese는 원유 또는 유가공품에 젖산균, 응유효소, 유기산 등을 첨가하여 응고되면 유청을 제거하여 제조한 것을 말한다. 자연치즈는 수분 함량에 따라 경도가 달라지며, 표 10-5와 같이 경도에 따라 연질치즈, 반경질치즈, 경질치즈, 초경질치즈로 구분한다.

케피어

표 10-5 경도에 따른 자연치즈의 종류

분류	수분 함량 (%)	숙성 여부 및 숙성 관여 미생물		치즈 종류
연질치즈	55 이상~80 이하	비숙성		코티지, 모차렐라, 리코타, 크림
연질치즈	55 이상~80 이하	숙성	흰곰팡이	카망베르, 브리
연질치즈	55 이상~80 이하	숙성	세균	락틱, 벨파제
반경질치즈	45 이상~55 미만	숙성	푸른곰팡이	로크포르, 블루, 고르곤졸라
반경질치즈	45 이상~55 미만	숙성	세균	브릭, 림버거
경질치즈	35 이상~45 미만	숙성	세균	(기공이 없는 것) 체다, 콜비 (기공이 있는 것) 에멘탈, 그뤼에르, 고다, 에담

단원정리

다음의 내용을 이해하셨나요?

1. 우유 단백질인 카세인과 유청단백질의 특징
2. 우유의 살균 및 멸균법
   - 저온장시간살균법
   - 고온단시간살균법
   - 초고온단시간살균법
   - 초고온순간멸균법
3. 우유의 조리 중 가열에 의한 변화
   - 단백질 응고, 피막 형성, 갈색화, 가열취 생성 등
4. 유제품 종류
   - 분유, 연유, 크림, 버터, 치즈, 발효유 등
5. 경도에 따른 자연치즈 종류
   - 연질치즈, 반경질치즈, 경질치즈, 초경질치즈

11

CHAPTER

유지류

1. 유지의 구조 및 일반적 특성 | 2. 유지의 제조 가공 | 3. 유지의 조리원리
4. 유지의 산패와 저장 | 5. 유지의 종류

학습목표

- 유지의 특성을 설명할 수 있다.
- 조리 중 유지의 기능 및 변화를 설명할 수 있다.
- 식물성 유지와 동물성 유지의 종류 및 특성을 설명할 수 있다.

1. 유지의 구조 및 일반적 특성

1) 유지의 구조

식품에 있는 유지fat and oils는 대부분 중성지질 형태로 존재한다. 중성지질은 한 분자의 글리세롤과 1~3분자의 지방산이 에스터ester 결합을 하고 있으며 한 분자의 글리세롤과 한 분자의 지방산이 결합한 것을 모노글리세라이드monoglyceride, 한 분자의 글리세롤과 두 분자의 지방산이 결합한 것을 다이글리세라이드diglyceride, 한 분자의 글리세롤과 세 분자의 지방산이 결합한 것을 트라이글리세라이드triglyceride라고 한다. 트라이글리세라이드의 구조는 그림 11-1과 같다.

에스터 결합

$-\overset{O}{\overset{\|}{C}}-O-$

산과 알코올이 반응하여 물분자가 빠져나오는 결합

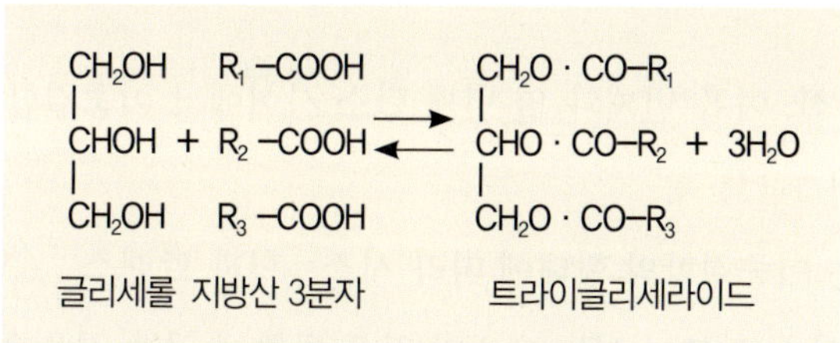

그림 11-1 트라이글리세라이드의 구조

지방산은 지방의 구성성분으로 대부분 탄소를 짝수로 가지고 있으며, 분자 중 이중결합의 유무에 따라 이중결합이 있으면 불포화지방산, 이중결합이 없으면 포화지방산으로 구분한다.

불포화지방산은 이중결합의 수에 따라 이중결합이 한 개 있으면 단일불포화지방산, 이중결합이 두 개 이상이면 다가불포화지방산으로 구분한다. 또한 이중결합 위치에 따라 오메가ω−3 지방산, 오메가ω−6 지방산, 오메가ω−9 지방산으로 구분하는데 지방산의 한쪽 끝 메틸기$-CH_3$의 첫 번째 탄소를 기준으로 세 번째와 네 번째 탄소 사이에서 이중결합이 시작되면 **ω**−3 지방산, 여섯 번째와 일곱 번째 탄소 사이에서 이중결합이 시

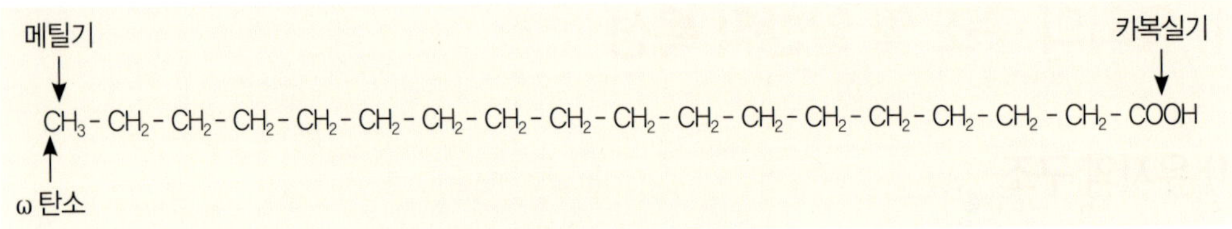

포화지방산(스테아르산, C18:0)

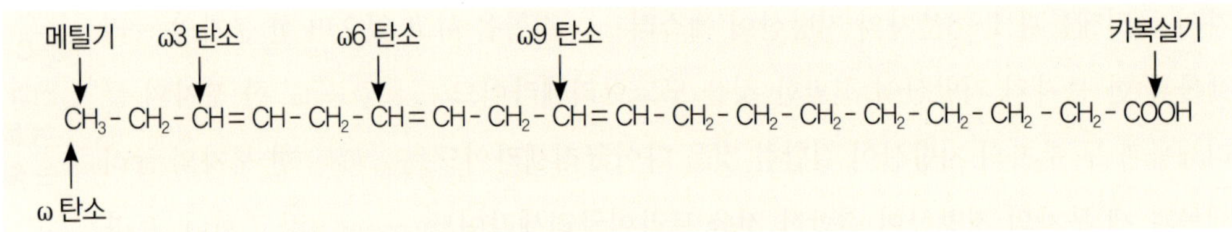

다가불포화지방산(리놀렌산, C18:3, ω3)

그림 11-2 지방산의 구조

작되면 $\omega-6$ 지방산, 아홉 번째와 열 번째 탄소 사이에서 이중결합이 시작되면 $\omega-9$ 지방산이라고 한다그림 11-2.

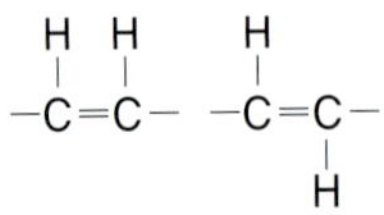

시스형 트랜스형

불포화지방산은 이중결합의 형태에 따라 시스cis형과 트랜스trans형으로 구분하는데 이중결합이 있는 탄소에 붙어 있는 수소가 같은 방향에 있는 경우 시스형이라고 하고, 수소가 서로 반대 방향에 있는 경우 트랜스형이라고 한다.

2) 유지의 일반적 특성

(1) 용해성

용질이 특정 용매에 대하여 녹는 성질을 용해성solubility이라 하며, 유지는 비극성 유기용매인 에테르, 클로로폼, 벤젠 등에 잘 녹는다. 유지 중 글리세롤은 수산기-OH가 있어 강한 친수성이고 지방산의 카복실기-COOH도 친수성이지만, 글리세롤과 지방산이 에스터결합을 하고 있으므로 소수성의 탄화수소만 남아서 극성 용매인 물에 용해되지 않는다. 지방산의 탄소수가 많을수록 불포화지방산 함량이 적을수록 물에서 유지의 용해도는 감소한다.

(2) 융점

융점melting point은 고체가 액체로 바뀔 때의 온도, 즉 녹는점을 말한다. 유지는 융점에 따라 상온에서 액체 상태로 존재하는 기름oil과 고체 또는 반고체 상태로 존재하는 지방fat으로 나뉘는데 저급지방산 또는 불포화지방산 함량이 많으면 융점이 낮아 상온에서 액체이고, 고급지방산 또는 포화지방산 함량이 많으면 융점이 높아 상온에서 고체이다.

(3) 발연점

유지를 가열할 때 푸른 연기가 발생하는 온도를 발연점smoking point이라고 한다. 유지를 발연점 이상으로 가열하면 유지 중 중성지질이 지방산과 글리세롤로 분해되며, 글리세롤은 탈수되어 불포화 알데하이드인 아크롤레인acrolein을 생성한다. 아크롤레인은 눈의 점막을 자극하는 휘발성 물질로 불쾌한 냄새와 맛을 낸다.

유지의 발연점은 유지의 종류에 따라 다르며 발연점이 낮아지는 요인은 다음과 같다.

- 유리지방산free fatty acid 함량이 많을수록
- 튀김용 냄비의 표면적이 넓을수록
- 이물질 함량이 많을수록
- 사용횟수가 증가할수록
- 유지의 정제도가 낮을수록(예: 참기름)

(4) 비중

유지의 비중specific gravity은 평균 0.92~0.94로 물보다 가볍다. 저급지방산이 많을수록 지방의 불포화도가 높을수록 유지의 비중은 커진다.

(5) 비열

유지의 비열specific heat은 0.47 kcal/g · ℃로 물보다 낮아 온도가 쉽게 올라가고 쉽게 내려갈 수 있으므로 튀김 시 두꺼운 용기를 사용하는 것이 좋다.

(6) 점도

유지의 점도viscosity는 분자량에 의해 영향을 받으며 공기와의 접촉면이 넓어질수록 고온으로 가열할수록 산화 · 중합되어 점도가 커진다.

(7) 가소성

외부에서 힘을 가하면 유지의 모양이 변하지만, 그 힘을 제거했을 때 유지가 원래 상태로 복원되지 않는 성질을 가소성plasticity이라고 한다. 이러한 성질을 가진 유지의 예로는 버터와 마가린 등이 있다.

(8) 결정형

지방은 α, β′, β형의 결정을 나타내며 결정형crystal form에 따라 녹는점이 달라 일정한 융점을 나타내기 어렵다. 이와 같이 동일한 화합물이 2개 이상의 결정형을 갖는 것을 동질다형polymorphism이라고 한다. 지방의 α형 결정은 크기가 작고 부서지기 쉬우며 융점이 낮은 가장 불안정한 형태이고 β′형 결정은 작고 미세하여 부드러운 질감을 나타낸다. β형 결정은 큰 결정으로 거친 질감을 가지고 있으며 융점이 가장 높고 안정적이다. 초콜릿의 지방이 β형 결정인 경우 융점이 높아서 손으로 초콜릿을 잡아도 녹지 않는다.

알고 갑시다

초콜릿 블룸 현상

초콜릿의 재료인 카카오버터는 다양한 형태의 결정구조를 나타낼 수 있다. 초콜릿은 카카오버터를 혼합한 카카오매스에 유제품 및 유화제를 넣고 반죽한 후 템퍼링tempering을 하여 가장 안정적인 β형 결정을 만들어 굳힌다. 템퍼링이 불충분하거나 보관온도가 적당하지 않아 초콜릿 표면의 광택이 사라지고 카카오버터가 녹아 표면에 흰색이나 회색의 무늬가 만들어지는 현상을 초콜릿 블룸chocolate bloom현상이라고 한다.

출처: 이경애 외 3인, 2019.

2. 유지의 제조 가공

1) 유지의 제조

식물성 유지는 원료를 전처리한 후 식물의 종자나 배아에서 원료 유지를 추출하여 탈검, 탈산, 탈색, 여과, 탈취 등의 정제과정을 거쳐 제조한다그림 11-3.

그림 11-3 식물성 유지의 제조

- 동유 처리 : 액체유를 냉각시켜 표면에 굳는 고체화된 지방을 제거하는 과정으로 동유 처리winterization한 기름은 냉장 온도에서도 맑은 상태를 유지한다. 샐러드유나 마요네즈 제조 시에는 반드시 동유 처리된 기름을 사용해야 한다.

알고 갑시다

압착유

식물성 유지 중 참기름이나 들기름은 압착유로 특유의 향을 보유하기 때문에 정제과정을 덜 거치도록 원료를 전처리한 후 그대로 볶아서 압착하여 제조한다.

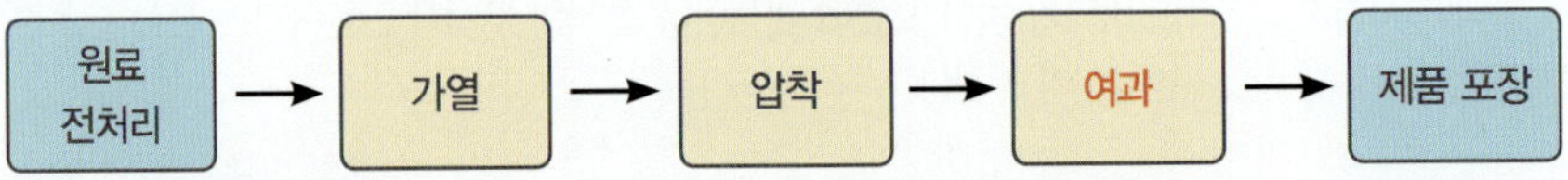

참깨를 고온에서 볶을 때 생성될 수 있는 벤조피렌 물질의 논란 때문에 최근에는 참기름과 들기름을 저온에서 볶아 압착하는 기술이 개발되었다. 저온압착 참기름과 들기름은 기존의 고온압착 참기름과 들기름에 비해 색이 더 옅고 투명하며 유지 중 침전되는 물질도 적어 맑은 압착유를 얻을 수 있다. 또한 볶지 않은 깨를 기름으로 만드는 냉압착 방식도 개발되었다.

2) 유지의 가공

(1) 수소화

액체유의 불포화지방산 이중결합에 니켈이나 백금과 같은 금속을 촉매로 하고 수소를 첨가하여 포화지방산으로 변환시키는 과정을 수소화hydrogenation 또는 경화라고 한다. 자연계 불포화지방산의 이중결합을 이루는 수소는 대개 시스지방산을 형성하고 있지만 수소화 과정에서 트랜스지방산이 형성될 수 있다. 마가린이나 쇼트닝 등의 가공에 이용되는 어유, 콩기름, 면실유 등은 수소화과정 후 지방산의 포화도가 증가하여 융점이 높아지므로, 가공된 마가린이나 쇼트닝은 상온에서 고체로 존재한다.

(2) 에스터 교환

유지에 금속이나 라이페이스lipase를 반응시켜 글리세롤과 지방산으로 분리시킨 후 지방산을 서로 교환하여 새로운 물성을 갖는 중성지방을 형성하는 과정을 에스터 교환이라고 한다. 에스터 교환은 부드러운 질감을 갖는 마가린이나 쇼트닝을 가공할 때 이용한다.

알고 갑시다

트랜스지방산 저감화 기술

마가린의 최대 트랜스지방산 함량은 15% 정도이며 제조 시에 트랜스지방산이 많이 생성되나 제조방법에 따라 함량의 차이가 크다. 트랜스지방산을 저감화하는 기술로는 에스터 교환기술, 초저온 고진공 탈취공법(dry ice condensing 방식), 유지의 분별을 통해 고융점 부분과 저융점 부분으로 분리하여 사용하는 방법, 트랜스지방이 전혀 없는 원료 유지 생산기술, 저온 탈취공정 등이 있다. 유지생산 업체들은 대부분 에스터 교환기술에 다른 기술을 접목시키는 설비를 갖추는 등 트랜스지방산 저감화를 위한 노력을 하고 있다.

출처: 식품음료신문, 2007.

3. 유지의 조리원리

유지는 조리 시 열 전달매체로 이용되며 식품에 독특한 향을 부여함과 동시에 부드러운 맛을 내는 역할을 한다.

1) 열 전달매체

튀김을 할 때 열 전달매체로 이용되는 유지는 물의 비점보다 더 높은 온도까지 가열될 수 있고, 단단한 식품의 조직을 연하게 해주며, 풍미와 색을 증진시켜 식욕을 돋운다.

(1) 튀김

튀김frying은 150~200℃의 고온에서 짧은 시간 내 조리가 가능하며, 튀김 재료의 수분이 증발함과 동시에 기름이 흡수되어 바삭한 질감을 형성하는데 기름 온도가 낮으면 유지 흡수량이 증가하여 바삭한 질감을 얻기 어렵다. 튀김 시 수분의 증발로 기공이 커지고 기공 수가 많아지며, 식품은 직접적인 기름의 접촉뿐만 아니라 식품 내부로의 열전달에 의해서도 익게 된다. 이때 열에 의해 마이얄반응이 일어나 식품 표면이 갈색화되는데 기름 온도가 너무 높으면 내부가 익기 전에 표면의 색이 먼저 변하게 된다.

(2) 튀김기름

튀김기름은 발연점이 높은 식물성 기름을 사용해야 한다. 정제한 콩기름, 옥수수기름, 면실유 등은 발연점이 높아 튀김용으로 적당하나, 정제하지 않은 올리브유, 참기름 등은 발연점이 낮아 튀김용으로 적당하지 않다.

튀김기름의 가열에 의한 변화는 다음과 같다.

- 가수분해에 의한 산패, 산소 접촉에 의한 산패가 촉진된다.
- 유리지방산과 이물질의 증가로 발연점이 낮아진다.
- 튀김 시 튀김옷, 식품의 아미노산과 당에 의해 마이얄반응이 일어나고 이로 인해 갈색 색소를 형성하여 기름의 색이 짙어진다.
- 거품이 발생한다.
- 중합 현상이 일어나 기름의 점도가 증가한다.

튀김의 적정 온도 유지방법은 다음과 같다.

- 튀김기름의 양은 튀김 재료의 10배 이상 충분하게 사용한다.
- 한 번에 넣고 튀기는 재료의 양은 튀김용 냄비 표면적의 1/3~1/2 이내로 한다.
- 수분 함량이 많은 식품은 수분을 어느 정도 제거한 후 튀긴다.
- 튀김용 냄비는 직경이 작고 재질이 두꺼운 금속용기를 사용한다.

2) 쇼트닝성

밀가루에 유지를 넣어 반죽할 때 유지가 글루텐 표면을 둘러싸 글루텐의 망상구조 형성을 억제하여 길이를 짧게 하는 것을 유지의 쇼트닝성shortening power이라고 한다. 첨가한 유지가 물과 글루텐의 결합을 방해하여 물의 침투를 막고 전분의 과도한 팽창을 막아주어 연화작용이 일어나며 이러한 성질을 이용하여 페이스트리 또는 파이를 제조한다.

유지의 쇼트닝성에 미치는 요인은 다음과 같다.

- 기름의 양이 많을수록 쇼트닝성은 커진다.
- 불포화지방산이 많을수록 쇼트닝성은 커진다.
- 가소성이 클수록 쇼트닝성은 커진다.
- 유화제가 많을수록 쇼트닝성은 작아진다.

3) 유화성

유화성emulsifying이란 서로 섞이지 않는 두 종류의 액체가 있을 때, 한쪽의 액체가 다른 쪽의 액체 가운데에 흩어져서 분산하여 에멀션emulsion을 만드는 성질을 말한다. 유화제는 한 분자 내에 친수기와 소수기를 동시에 가지고 있으므로 물과 기름에 모두 녹을 수 있다. 유지는 물에 녹지 않지만, 친수기와 소수기를 가지고 있는 유화제와 함께 유화액을 이루는데 식품에 이용되는 천연 유화제로는 난황의 레시틴 많이 이용되고 있으며, 영구적 유화액으로는 마요네즈, 일시적 유화액으로는 프렌치드레싱 등이 있다.

(1) 마요네즈

마요네즈는 난황에 식초와 기름을 넣어 만든 대표적인 수중유적형 유화액이다. 마요네즈는 영구적 유화액이지만 제조 시 난황의 신선도가 낮은 경우, 처음에 넣은 기름의 양이 많거나 기름 온도가 너무 낮은 경우, 넣은 기름의 양과 젓는 속도가 불균형한 경우에 분리가 일어난다. 또한 보관 시 보관온도가 너무 낮거나 또는 너무 높을 때, 뚜껑을 잘 닫지 않아 공기가 들어갔을 때 분리가 일어난다. 분리된 마요네즈는 난황에 조금씩 넣으면서 잘 저어주면 다시 유화를 형성할 수 있다.

(2) 프렌치드레싱

프렌치드레싱은 일반적으로 기름 대 식초의 비율을 3 : 1로 만들어 사용하는데 강하게 흔들면 일시적으로 유화되는 일시적 유화액이다. 유화제를 첨가하지 않아 금방 분리되므로 먹기 직전에 흔들어서 혼합하여 사용하여야 한다.

4) 크리밍성

버터, 마가린, 쇼트닝 같은 고체지방을 교반하여 공기가 혼입되도록 하면 색이 옅어지고 부드럽게 되는데 이러한 성질을 크리밍성creaming이라고 한다. 공기를 많이 품을수록 크리밍성이 커지며 쇼트닝 > 마가린 > 버터 순으로 나타난다. 부드러운 질감을 가지는 빵이나 케이크를 만들 때 β'형으로 결정화된 쇼트닝, 마가린, 버터 등의 유지를 사용하면 작은 기포 형태로 많은 양의 공기를 포집할 수 있으므로 우수한 제품을 만들 수 있다.

5) 용기 부착 방지

단백질이나 전분 함량이 높은 식품을 조리할 때 용기 안쪽에 기름을 적당량 바르면 기름막이 형성되어 음식물이 용기에 달라붙지 않는다.

6) 향미 증가

기름은 튀김과 볶음 요리에서 탈수와 흡유 과정에 의해 음식의 향미를 높인다. 음식을 볶거나 양념해서 굽거나 튀기는 조리 시 기름을 넣으면 매끄러워지고 부드러운 맛을 첨가하는 역할을 한다. 참기름, 들기름, 올리브유와 버터 등은 자체의 향을 이용하여 음식에 향을 부여한다.

4. 유지의 산패와 저장

유지는 공기 중의 산소, 빛, 열, 효소, 미생물 등에 의해서 산화 또는 가수분해되어 지방산 및 다양한 산화물을 형성하는데 이것을 산패rancidity라고 한다. 산패가 일어나면 유지의 품질 저하가 일어나 불쾌한 냄새를 내고 맛과 색의 변화를 가져온다. 유지의 산패취는 알데하이드에 의해 나타나며 쩐 냄새의 원인이 된다.

식용유지에서 일어나는 변향은 산패취와는 다른 것으로 주로 유지 중 리놀렌산의 산화에 의해 발생한다. 변향은 콩기름, 면실유 등 리놀렌산을 많이 함유하고 있는 식용유지에서 잘 발생하며, 금속, 온도, 빛, 산소 등에 의해 영향을 받는다.

산가
- 유지 1 g 중 함유된 유리지방산을 중화하는 데 필요한 KOH mg 수
- 사용횟수가 많으면 산가가 높아짐
- 신선한 유지의 산가는 0.05~0.07

1) 유지의 산패

(1) 가수분해에 의한 산패

유지는 라이페이스에 의해 글리세롤과 지방산으로 가수분해되어 유리지방산을 생성한다. 유리지방산의 증가는 불쾌한 냄새와 맛의 저하를 초래하고 산패를 촉진시키며 산가acid value도 높아진다. 저급지방산이 많이 함유된 유지는 상온에서 지방산이 유리되어 휘발하므로 산패취가 더욱 심하게 발생한다.

(2) 산화에 의한 산패

유지가 공기 중 산소와 결합하여 나타나는 자연 발생적인 변화를 자동산화autooxidation 라고 한다. 자동산화는 불포화지방산 함량이 많은 식물성 유지나 어유에서 쉽게 일어나며 다음과 같이 세 단계에 걸쳐 일어난다.

첫 번째 초기반응 단계는 지방산에 공유결합을 이루고 있는 수소가 이탈되면서 유리라디칼이 생성되는 단계로 산소, 열, 빛, 금속, 효소에 의해 촉진된다. 두 번째 연쇄반응 단계는 생성된 유리라디칼이 산소와 반응하여 과산화물을 만들고, 이로 인해 새로운 유리라디칼을 형성하는 단계로 연쇄적으로 산화가 일어난다. 이때 생성된 과산화물은 독성이 있으며 시간이 지나면 불쾌한 맛과 냄새가 나고 유지의 점도가 증가한다. 세 번째 종결반응 단계는 유리라디칼끼리 서로 반응하여 이중체, 삼중체 등 중합체를 형성하며 안정된 카보닐 화합물을 형성하는 단계로 유지의 연쇄반응이 중지된다.

(3) 가열에 의한 산패

① 중합

유지는 조리 시 열에 의해 중합이 일어나면 큰 지방분자를 형성하여 점성이 높아지고 영양가의 손실이 일어난다. 재사용 기름 또는 불포화도가 높은 기름은 중합polymerization이 더 잘 일어나며 중합 정도는 요오드가iodine value에 의해 측정할 수 있다.

요오드가

- 100 g의 유지가 흡수하는 요오드의 g 수
- 요오드가가 높은 것은 이중결합이 많은 것을 의미함

② 가수분해

유지를 오랫동안 가열하면 지방과 물이 반응하여 가수분해가 일어나 글리세롤과 지방산으로 분해되며 유리된 지방산의 증가로 유지의 산패가 일어난다.

③ 산화

산화는 기름이 공기와 접촉하여 일어나는데 음식을 튀길 때 높은 온도에 의해 산화가 더욱 촉진된다.

2) 유지의 산패방지법

(1) 빛과 산소 차단

빛과 산소는 유지의 산화를 촉진하므로 기름 보관 시 어두운 갈색병에 넣어 빛을 차단하고 뚜껑을 꼭 닫아 산소를 차단하도록 한다.

(2) 낮은 온도에서 보관

온도가 높을수록 모든 반응속도가 증가하므로 온도가 낮은 서늘한 곳에 보관한다.

서늘한 곳
제품의 보관이나 유통 과정 중 직사광선이나 온도 등에 의해 제품의 변질이 일어나지 않는 조건으로 사전적 의미인 실온 중 약간 추운 느낌을 주는 상태

(3) 산화효소의 불활성화

리폭시제네이스lipoxygenase 같은 지방 산화 촉진효소를 다량 함유한 두류 등은 장기간 보관할 경우 가열 처리하여 효소를 불활성화한 후 보관한다.

(4) 항산화제 첨가

가공식품의 경우 유지의 산패를 방지하기 위해 항산화제를 첨가한다. 항산화제는 유리라디칼에 전자를 주어 종결반응을 일으키게 하여 산화를 방지하는 물질로, 항산화제의 종류로는 토코페롤, 세사몰sesamol 등의 천연항산화제와 뷰틸하이드록시아니솔butylated hydroxy anisole, 다이뷰틸하이드록시톨루엔dibutyl hydroxy toluene, 프로필갈레이트propyl gallate 등의 합성항산화제가 있다.

(5) 사용한 기름의 보관 및 폐기

사용한 기름을 보관할 때는 이물질을 제거한 후 보관하여야 하며 구리나 철과 같은 금속은 산화를 촉진하므로 스테인리스스틸이나 유리로 된 용기를 사용하여 열, 빛, 공기가 차단되도록 한다. 한 번 사용한 기름은 되도록 재사용하지 말고 폐기하는 것이 좋다.

폐기할 기름은 신문지나 키친타올로 흡수시키거나 유지 응고제를 이용하여 굳혀서 일반쓰레기로 폐기 또는 폐식용유 수거통에 폐유로 분리하여 폐기해야 한다.

5. 유지의 종류

1) 식물성 기름

식물성 유지는 요오드가에 따라 건성유, 반건성유, 불건성유로 나눌 수 있다표 11-1. 건성유는 융점이 낮고 이중결합이 많아서 산화되기 쉽고, 불건성유는 융점이 높고 산화 안정성이 좋다.

표 11-1 요오드가에 따른 유지 분류

	요오드가	종류
건성유	130 이상	들기름, 포도씨유
반건성유	100 이상~130 미만	콩기름, 옥수수기름, 참기름, 미강유, 면실유, 유채유
불건성유	100 미만	올리브유, 코코넛유, 카카오버터

(1) 콩기름

콩기름soybean oil은 대두에서 분리한 것으로 많은 양의 토코페롤을 함유하고 있으며 리놀레산과 올레산이 풍부하다. 콩기름은 상온에서 액체이며 발연점이 높아 튀김유로 많이 이용되고 마가린과 쇼트닝의 원료로도 사용된다.

(2) 옥수수기름

옥수수기름corn oil은 옥수수의 배아를 분리한 후 압착, 정제하고 동유 처리로 왁스성분을 제거하여 만든다. 옥수수기름은 튀김유와 샐러드유 등으로 이용되고 마가린과 쇼트닝의 원료로도 사용된다.

(3) 참기름

참깨를 볶은 후 압력을 가해 짜낸 압착유로 토코페롤과 세사몰을 함유하고 있으며, 리놀레산과 올레산을 많이 함유하고 있다. 참기름sesame oil은 한식 조리 시 음식의 맛과 향을 돋우기 위한 목적으로 사용된다.

(4) 들기름

들깨를 볶은 후 압력을 가해 짜낸 압착유로 리놀렌산, 리놀레산, 올레산을 함유하고 있으며 특히 리놀렌산 함량이 많다. 들기름perilla seed oil은 한식 조리 시 음식의 맛과 향을 돋우기 위한 목적으로 사용된다.

(5) 미강유

미강유rice bran oil는 쌀의 도정 후 얻어진 쌀겨를 가열 처리하여 쌀겨 속에 있는 라이페이스를 불활성화시킨 후 정제한 유지로 현미유라고도 한다. 정제된 고품질의 미강유는 튀김유로 많이 이용되고, 정제되지 않은 것은 비누 제조에 쓰이기도 한다.

(6) 올리브유

올리브유olive oil는 올리브나무 열매를 압착 또는 추출하여 얻은 유지로 올레산이 다량 함유되어 있다. 발연점이 낮고 독특한 향과 색이 있어 샐러드유로 많이 사용된다.

알고 갑시다

올리브유의 분류

- 엑스트라버진(압착유, 산도 1% 미만) : 올리브의 씨를 제거하고 맨 처음으로 저온 압착하여 얻어낸 최상급 올리브유로 특유의 향과 색을 갖고 있다. 열을 가하지 않는 샐러드드레싱이나 에피타이저에 사용된다.
- 파인버진(압착유, 산도 1.5% 미만) : 제조방법은 엑스트라버진 올리브유와 동일하며 엑스트라버진 올리브를 짜고 남은 올리브를 한 번 더 짠 것으로 엑스트라버진보다 맛과 향이 떨어진다.
- 버진(압착유, 산도 3.3% 미만) : 엑스트라버진, 파인버진에 비해 품질이 떨어지는 올리브로 짠 오일로 화학 처리를 하지 않아 올리브유의 맛과 향이 살아있다.
- 정제 올리브유(정제유, 산도 3.3% 이상) : 산도가 3.3%를 초과한 버진 올리브유를 정제 처리해서 생산한 것으로 정제과정에서 고온, 화학 처리되어 맛, 향, 색깔이 거의 없다.
- 퓨어(압착유 + 정제유, 산도 1.5% 이하) : 정제올리브유와 버진올리브유를 8 : 2 정도로 혼합한 것으로 향이 거의 없고 열을 가해도 맛이 변하지 않아 식용유 대체용으로 사용한다.

출처: 조경련 외 6인, 2013.

(7) 유채유

유채유rape seed oil는 유채씨에서 추출한 기름으로 45~50%의 에루스산erucic acid을 함유하고 있어 식용으로 많이 이용되지 않는다. 이러한 유채의 단점을 보완하여 에루스산 함량을 5% 미만으로 낮춘 품종을 개발한 것이 카놀라이다. 카놀라에서 추출한 카놀라유는 에루스산 함량이 2% 이하로 샐러드유, 쇼트닝, 마가린의 제조 등에 사용된다.

(8) 포도씨유

포도씨유grape seed oil는 포도씨에서 추출, 정제한 유지로 리놀렌산을 다량 함유하고 있다. 발연점이 높고 기름 특유의 향미가 없어 튀김 등 다양한 조리에 사용한다.

(9) 면실유

면실유cotten seed oil는 목화씨에서 추출한 유지로 목화씨에 있는 독성물질인 고시폴

gossypol을 정제 시 제거하여 사용한다. 면실유는 통조림 충진용 유지, 쇼트닝 원료로 사용하며 동유 처리 후 샐러드유로 사용하기도 한다.

(10) 코코넛유와 팜유

코코넛유coconut oil와 팜유palm oil는 식물성 유지이면서 포화지방산의 함량이 높아 상온에서 반고체이며 산화 안정성이 우수하여 식품산업에서 많이 이용한다.

(11) 카카오버터

발효시킨 카카오콩을 볶아서 가루로 만든 것이 카카오페이스트이고, 이것을 압착하여 얻은 지방이 카카오버터cocoa butter이다. 카카오버터는 투명한 황색으로 팔미트산, 스테아르산, 올레산 등을 함유하고 있으며 독특한 향기와 풍미가 있다. 녹는점이 34~38℃이므로 초콜릿 제조 시에 카카오버터를 사용하면 상온에서 고형 초콜릿의 형태가 유지된다.

2) 동물성 지방

(1) 버터

버터는 우유를 원심분리하여 얻은 상층의 크림을 천천히 교반하여 지방 입자만 유출시켜 만든 유중수적형 유화 형태로 약 16%의 물과 80% 이상의 지방으로 구성되어 있다.

(2) 우지

소의 내부 지방을 채취하여 정제한 것을 가용성 우지beef tallow라고 한다. 우지는 융점이 높아 실온에서 고체이며 연한 황색을 띤다.

(3) 라드

라드lard는 돼지의 복부나 다른 지방조직에서 채취한 지방을 정제한 것으로 질이 좋은 것은 색이 희고 냄새가 나지 않는다. 우지보다 융점이 낮으며, 쇼트닝성이 커서 부드러운 질감을 부여한다.

(4) 어유

어유fish oil는 청어, 고등어 등 지방 함량이 높은 어류에서 채취한 건성유로 EPA eicosapentaenoic acid, DHAdocosahexaenoic acid 등 다가불포화지방산이 다량 함유되어 있어 자동산화가 잘 일어나고 쉽게 산패한다.

3) 가공유지

(1) 마가린

마가린은 정제된 식용유지와 경화유를 혼합 후 유화제, 비타민 A, 비타민 D, 색소, 맛성분, 소금물 또는 발효유를 가하여 유화시켜 만든 것으로 약 18%의 수분과 약 80%의 지방으로 구성된 유중수적형 유화액이다. 마가린은 버터의 대용품으로 만든 것으로 신전성, 가소성, 저장성 및 융점 등이 버터와 유사하다.

(2) 쇼트닝

쇼트닝은 정제된 식용유지를 경화하여 반고체 상태로 만든 가소성 유지이다. 마가린과 달리 수분을 함유하지 않고 거의 100%가 지방으로 구성되어 있으며, 유화시키지 않아 튀김용으로 사용이 가능하다. 하지만, 혼합 유화제를 첨가하고 질소나 공기를 혼합시켜 가소성과 크리밍성을 높인 제품은 발연점이 낮아져 튀김용으로 사용하기에는 부적당하다. 쇼트닝은 라드의 대용품으로 만든 것으로 빵, 쿠키, 케이크 등에 사용된다.

단원정리

다음의 내용을 이해하셨나요?

1. 유지의 발연점에 영향을 주는 요인

2. 유지의 조리원리
   - 열 전달매체
   - 쇼트닝성
   - 유화성
   - 크리밍성
3. 마요네즈의 분리 원인
4. 수중유적형, 유중수적형 유화식품
5. 유지의 산패 원인
   - 가수분해
   - 산화
   - 가열
6. 유지의 산패 방지법

12

CHAPTER

채소류와 과일류

1. 채소와 과일의 분류 | 2. 채소와 과일의 구성성분
3. 채소와 과일의 저장 및 숙성 | 4. 채소와 과일의 조리원리

학습목표

- 채소와 과일의 분류를 설명할 수 있다.
- 채소와 과일류의 영양성분을 설명할 수 있다.
- 채소와 과일의 조리 시 성분 변화를 설명할 수 있다.
- 채소와 과일의 저장방법을 설명할 수 있다.

채소와 과일은 에너지 급원식품은 아니지만 비타민, 무기질 등의 영양소를 함유하고 있으며 열량이 낮고 수분 함량이 많으며, 식이섬유가 풍부하여 장의 운동을 원활하게 해준다. 채소에 들어 있는 색과 질감은 조리 시 변화가 일어나고, 과일은 성숙함에 따라 색이 변하고 산미, 감미가 증가하면서 향과 함께 식욕을 증진시켜 준다.

1. 채소와 과일의 분류

1) 채소

채소류는 잎, 줄기 뿌리 등을 이용하는데 섭취 부위에 따라 표 12-1과 같이 분류된다.

표 12-1 **채소류의 분류**

분류	특징	종류
엽채류	· 채소의 잎을 먹으며, 수분이 90% 이상 함유 · 당질, 단백질, 지방의 함량은 적거나 들어 있지 않음 · 비타민A, B_2, C, 철, 칼슘 등의 무기질 급원	배추, 양배추, 양상추, 시금치, 근대, 아욱, 쑥갓, 청경채 등
경채류	· 채소의 줄기 부분을 이용 · 엽채류와 마찬가지로 비타민A, B_2, C, 철, 칼슘 등의 무기질 급원	아스파라거스, 셀러리
화채류	· 수분은 80~82% 정도이며, 당질은 15% 정도 들어 있음	브로콜리, 콜리플라워, 아티초크
과채류	· 과일이 채소로 이용되는 종류로 수분 함량이 많아 90% 이상 · 당질은 전분과 당분의 상태로 존재하며, 비타민 C 함량이 높음	토마토, 풋고추, 오이
근채류	· 당질을 뿌리 또는 뿌리, 줄기 부분에 저장 · 수분 함량이 적고 대신 당질 함량이 많음 · 당근은 비타민 A 급원식품이며, 감자, 고구마에는 비타민 C가 함유	감자, 고구마, 무, 당근, 비트

2) 과일

과일은 표 12-2와 같이 꽃받침이 발달한 인과류, 씨방이 성장하여 발달한 핵과류, 종과피와 내과피로 구성된 즙이 많은 장과류, 과피가 단단한 견과류로 구분된다.

표 12-2 과일의 분류와 특징

분류	특징	종류
인과류	· 꽃받침이 과육으로 발달한 과일 · 꼭지와 배꼽 부분이 반대편에 있음	사과, 배
핵과류	· 씨방이 발달하여 결실한 과일 · 중간에 핵층이 있고 그 안에 종자가 있음	복숭아, 자두, 대추, 살구, 매실 등
장과류	· 다량의 과즙을 가지고 있으며 중과피, 내과피로 구성	포도, 무화과, 딸기 등
견과류	· 단단한 외피에 둘러싸여 있으며, 속에 종실이 들어 있음	잣, 호두, 은행, 밤

이외에도, 채소에서 씨방이 발달하여 열매를 맺고 과일과 채소의 중간 형태를 이루는 과채류인 토마토, 참외, 수박이 있으며, 열대지방에서 자란 과일로 기후 특성에 따라 실온 보관을 하는 바나나, 파인애플, 아보카도, 키위와 같은 열대과일류가 있다.

알고 갑시다

토마토의 정체

- 우리나라에서는 토마토를 처음에는 관상용으로 심었으나 밭에 재배하면서 대중화됨
- 토마토는 과일과 채소의 두 가지 특성을 갖추고 있어 미국에서 정부와 업자 사이에 논란이 있었으나 대법원에서 토마토를 채소로 판결 내림

2. 채소와 과일의 구성성분

1) 채소와 과일의 영양성분

채소와 과일은 수분 함량이 70~95% 정도 함유하고 있고, 녹황색 채소의 경우 비타민 A와 C의 함량이 비교적 높으며 당질 함량이 적다. 엽채류의 경우 엽록소가 들어 있으며, 칼슘이 많이 함유되어 있지만 체내 이용률은 낮다. 과일은 열량, 단백질, 지질 함량이 낮으며, 당질 함량은 10% 정도 함유되어 있어 단맛이 난다. 포도의 경우 당질 함량이 14~17%로 높아 열량원이 되기도 한다. 과일은 대체적으로 지질 함량이 낮지만, 아보카도나 코코넛은 지질 함량이 높으며, 과일은 플라보노이드, 타닌, 카테킨catechin 등의 폴리페놀 성분뿐 아니라, 비타민과 무기질의 좋은 급원식품으로 비타민 C, 인, 철분등이 풍부한 알칼리성 식품이다. 채소와 과일에는 셀룰로스, 펙틴질 등의 식이섬유가 많아 섭취 시 정장작용을 하여 변통을 좋게 해주며, 혈당과 혈장 콜레스테롤을 낮추어 주기도 한다.

2) 채소와 과일의 색소성분

(1) 엽록소

엽록소chlorophyll는 지용성으로 식물세포의 엽록체에 존재하며, a, b, c, d 등 종류가 다양하다. 분자 중심에 마그네슘이온Mg^{2+}이 있고 4개의 피톨그룹이 메틸기에 결합되어 포피린 고리porphyrin ring를 형성하고 있어 혈색소인 헤모글로빈의 헴 구조와 유사하다. 클로로필 a형은 청록색, b형은 황록색을 띠며 자연계에는 a형과 b형의 비율이 3 : 1 비율로 존재한다.

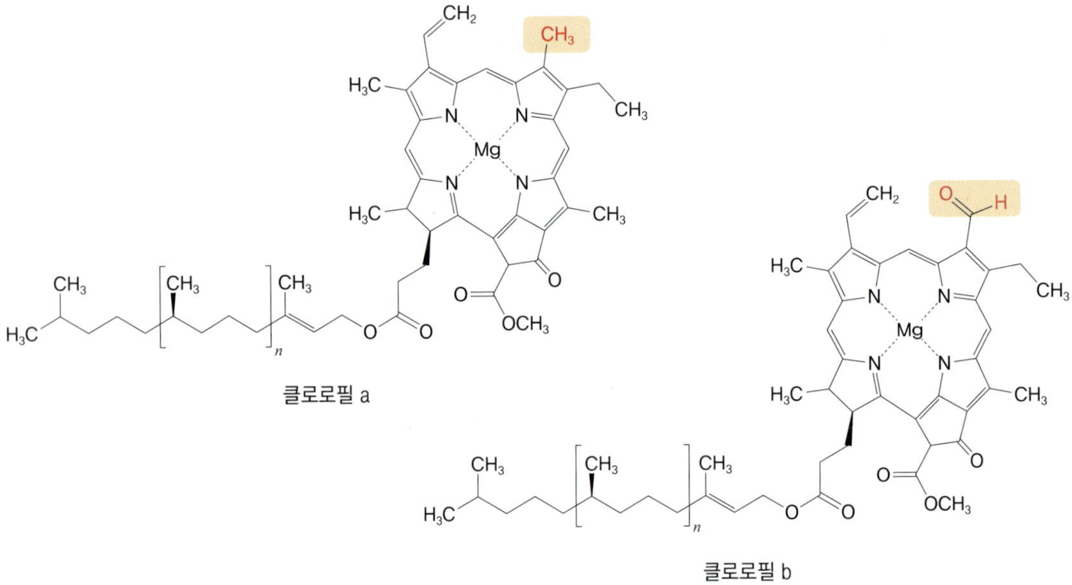

그림 12-1 클로로필 a와 b의 분자적 구조

① 가열에 의한 변화

녹색채소를 데치거나 살짝 끓이면 색이 더 선명해지는데 채소 조직 내 공기의 제거로 클로로필이 표면화되기 때문이다. 이때 엽록소 가수분해효소chlorophyllase에 의해 클로로필이 피톨을 잃고 수용성인 클로로필리드chlorophyllide가 되어서 조리수가 푸르게 바뀐다.

알고 갑시다

녹색채소를 선명하게 유지하는 방법

- 시금치, 아욱 등 유기산이 많은 채소는 데칠 때 냄비 뚜껑을 열어 휘발시킨다.
- 조리수를 다량 사용하여 비휘발성 유기산을 희석시킨다.
- 단시간 가열조리한다.
- 데친 것은 찬물에 빨리 헹구어 식힌다.
- 1%의 소금을 사용하여 데치면 색이 더 선명해지고 클로로필의 용출이 적어진다.

② 산에 의한 변화

대부분 녹색채소에 함유되어 있는 유기산은 가열조리과정 시 또는 피클, 김치가 발효되면서 용출되어 생긴 젖산 등으로 엽록소가 녹갈색의 페오피틴pheophytin으로 변하게 되고 비가역적 반응이다. 산의 작용이 지속되면 페오피틴이 페오포바이드pheophobide로 되면서 갈색을 띠게 된다. 발효식품인 오이지, 김치 등은 시간이 지날수록 젖산균에 의해 녹갈색 및 갈색으로 바뀌게 된다. 샐러드나 소스, 초무침 등은 먹기 직전에 만드는 것이 좋다.

③ 알칼리에 의한 변화

클로로필은 알칼리성 물질에 의해 피톨기와 메틸기가 가수분해되어 수용성의 청록색인 클로로필린chlorophyllin이 된다. 따라서 중조를 넣으면 색은 선명하게 유지되지만 조직이 물러져 질감이 나빠지고 싸이아민, 비타민 C가 파괴된다.

④ 금속에 의한 변화

클로로필의 마그네슘이온과 금속 중 구리가 만나면 치환되어 안정되므로 녹색을 유지하게 된다. 이 원리를 이용하여 완두콩 통조림을 만들 때 사용한다.

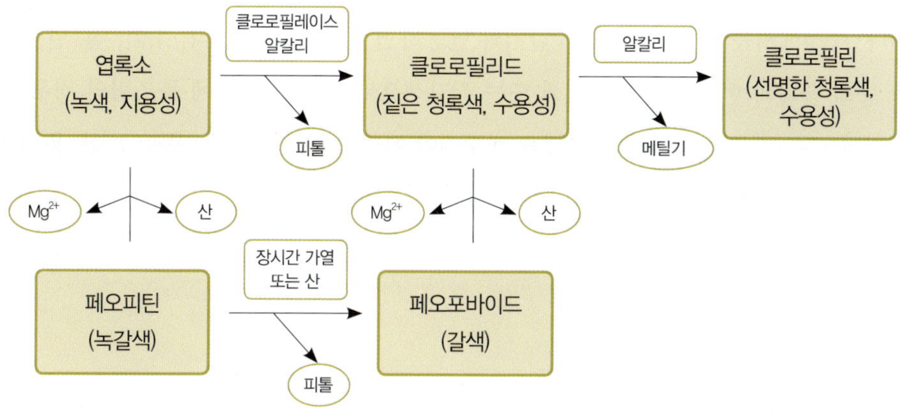

그림 12-2 조리 시 클로로필의 변화

(2) 카로테노이드

카로테노이드carotenoid 색소는 등황색을 띠며 지용성 색소로 호박, 당근, 고구마 등에 들어 있으며 푸른색 채소에도 들어 있다. 카로텐carotene과 잔토필xanthophyll로 분류할 수 있으며 식물의 비타민 A는 카로텐이라는 전구체 형태로 함유되어 있는데, β-카로텐은 레티놀 분자 두 개가 선형으로 이어진 형태를 하고 있다. β-카로텐은 체내 흡수되면 비타민 A로 전환이 되는데, 잔토필은 비타민 A로 전환이 되지 않는다. 카로테노이드는 지용성이어서 기름에 조리하는 것이 효율적이며, 가열조리에도 비교적 안정하여 조리과정 중 손실은 거의 없다. 산, 알칼리에 의해 쉽게 파괴되지 않지만 이중결합이 많아 오랜 시간 가열하거나 빛에 노출되면 산화가 촉진되어 탈색이 일어나기도 한다.

(3) 플라보노이드

플라보노이드flavonoid는 수용성이며 넓은 의미로 안토사이아닌, 안토잔틴, 타닌을 포함하지만 좁게는 안토잔틴 색소만 의미한다.

① 안토사이아닌

자색양배추, 자색양파, 비트, 가지, 포도 등에서 볼 수 있는 안토사이아닌anthocyanin 색소는 적자색을 띠며 수용성으로 물에 우러나는데, 산에는 안정하여 선명한 붉은색을 띤다. 중성에서는 자색을 띠며, 알칼리와 반응하면 청색으로 변한다. 주석, 철, 알루미늄 등의 금속과 반응하면 암청회색 또는 적갈색으로 변하기 때문에 통조림의 경우 부식되어 금속이 유출되지 않게 코팅을 해주어야 한다. 또한 남은 내용물은 다른 용기에 옮겨 담는 것이 좋다.

알고 갑시다

비트의 빨간 색소

빨간무라고 불리는 비트는 안토사이아닌과 유사한 수용성 색소인 베탈레인betalain을 함유한다. 붉은색 색소의 성분은 베테인betaine으로 산성에서는 선명한 적색을 띠고, 중성 · 알칼리성에서는 검붉은색에 가까운 푸른색을 띤다.

② 안토잔틴

안토잔틴anthoxanthin은 구조에 따라 플라본, 플라본올, 플라바논 등을 포함하며 식물계에 널리 분포되어 있어 과일과 채소에 배당체로 존재한다. 수용성이어서 물에 잘 녹으나 백색이어서 눈에는 띄지 않는다. 산에는 안정하여 변색되지 않으므로, 껍질을 벗긴 우엉이나 연근을 식초에 담그면 갈색으로 변하는 것을 막을 수 있다. 알칼리에서는 노란색을 띠는데, 국수 또는 빵을 만들 때 식소다를 넣으면 색이 노랗게 되는 것을 볼 수가 있다.

안토잔틴 색소는 주석에 의한 색 변화는 없으며, 철과 결합 시 처음에는 녹색으로 변하다가 후에 갈색으로 변한다. 도라지, 우엉, 연근 등을 철제 칼로 손질하고 나면 후에 흑갈색으로 변하는 이유가 여기에 있다.

③ 타닌

폴리페놀을 칭하는 타닌tannin은 수용성으로 미숙과에 들어 있을 때 떫은 맛을 내지만, 숙성하면 타닌 함량은 감소하면서 당분이 증가하게 된다. 공기 중 노출되면 산화 · 환원 반응의 기질로 작용을 하여 적갈색이나 흑색으로 변하게 된다.

3) 채소와 과일의 질감성분

신선한 채소와 과일의 질감은 섬유소, 헤미셀룰로스와 프로토펙틴의 함량에 따라 다르다. 채소가 시들거나 가열을 하게 되면 생기를 잃으며, 수분을 충분히 함유하고 있던 세포가 확산에 의해 수분을 상실하면서 부피와 무게가 줄어들게 된다. 또한 세포 사이사이를 견고하게 결착시키는 불용성인 프로토펙틴이 가열에 의해서 용해성인 펙틴으로 변하여 조직이 연하게 된다. 조리 시 알칼리성인 식소다를 첨가하면 헤미셀룰로스가 붕괴되면서 조직이 물렁해진다. 따라서 말린 시래기 등을 삶을 때 식소다를 사용하면 부드럽게 삶아 낼 수가 있다. 그러나 산을 첨가하면 섬유소를 질기게 하여 조직이 단단해진다. 미숙한 과일에 있는 불용성 프로토펙틴은 효소작용에 의해서 성숙되며 수용성인 펙틴으로 전환이 되어 잼, 젤리를 만들 수가 있다.

4) 채소와 과일의 향미성분

채소와 과일에는 유기산, 무기염류, 알코올, 알데하이드, 에스터 등의 화합물이 복합적으로 있으며, 유기산은 채소보다 과일에 많이 들어 있어 신맛과 함께 향미성분이 된다. 특히 채소의 냄새성분은 황화합물에 의하며 채소의 강한 맛과 냄새가 나게 된다. 과일은 휘발성 유기산이 에스터를 형성하여 특유의 과일향을 나게 하며, 성숙도에 따라 유기산이 감소하면서 신맛이 줄고 전분이 분해되어 당 함량이 증가하면서 단맛을 주게 된다.

(1) 백합과 채소의 향미성분

백합과 채소인 파, 양파, 마늘, 부추등은 시스테인 유도체인 알리인allin, S-allyl-L-cysteine sulfoxide이 들어 있어 썰거나 다지면 알리인가수분해효소allinase가 알리인에 작용하여 알리신allicin, diallyl thiosulfinate을 생성한다. 알리신은 마늘의 매운맛성분으로 휘발성이며 강한 냄새성분이다. 매우 불안정하여 시간이 경과할수록 저분자물질로 분해가 되면서 불쾌한 냄새를 만들 수 있다. 불쾌한 냄새를 줄이려면 마늘을 바로 다져서 사용하는 것이 좋고, 다진 마늘을 두고 사용해야 할 경우에는 냉장 또는 소분을 하여 냉동보관하는 것이 좋다.

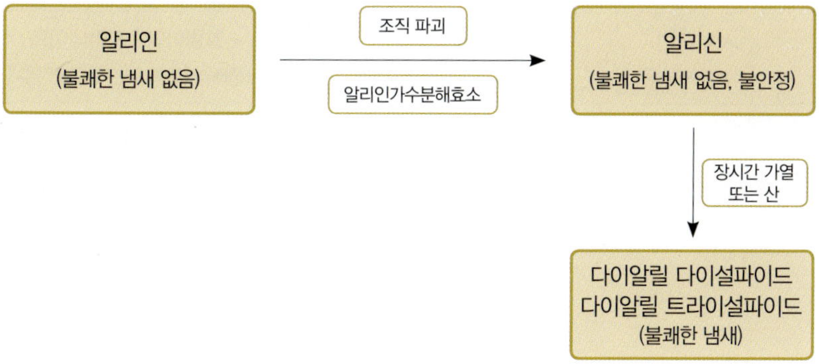

그림 12-3 백합과(마늘류) 채소의 향미성분

알고 갑시다

마늘과 양파의 두 얼굴

- 마늘은 따뜻한 성질을 가지고 있어 위장을 강하게 해준다.
- 마늘의 알리신은 돼지고기의 싸이아민과 결합하여 흡수를 증가시키므로 함께 먹으면 좋다.
- 마늘은 구워도 영양가 변화가 거의 없고, 소화 및 흡수율도 높아진다.
- 마늘은 자극이 강해 너무 많이 먹으면 위가 쓰리므로 과도하게 먹는 것은 좋지 않다.
- 양파를 익히면 단맛이 증가하는데 자극성 유황화합물이 분해되어 설탕보다 50배의 단맛을 내는 프로필머캅탄이 생성되기 때문이다.

(2) 겨자과 채소의 향미성분

배추, 무, 양배추, 겨자, 갓 등 겨자과 채소의 매운맛 성분은 시니그린sinigrin으로 채소의 조직을 썰면 효소인 미로시네이스myrosinase가 작용하여 알릴아이소시아네이트(겨자유)를 형성한다. 배추, 무, 양배추 등에는 시니그린 외에도 메틸시스테인 설폭사이드S-methyl-L-cysteine sulfoxide가 함유되어 있는데, 가열을 하면 디메틸 디설파이드dimethyl disulfide와 황화수소H_2S를 형성하여 국을 끓이거나 삶을 때 쿰쿰한 냄새가 나게 된다. 겨자가루는 따뜻한 물(30~40℃)에 개어두면 미로시네이스가 작용하여 매운맛을 내는 겨자소스를 만들 수가 있다.

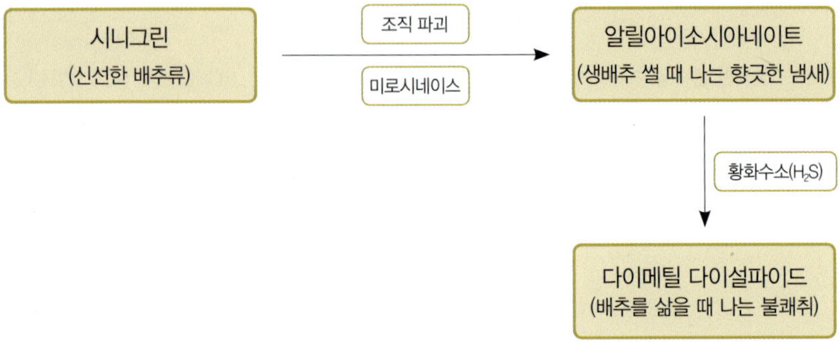

그림 12-4 겨자과 채소의 향미성분

(3) 과일의 향기와 맛성분

과일 특유의 향은 휘발성 유기산이 에스터를 형성하기 때문이며 성숙도에 따라서 유기산은 감소되어 신맛이 줄게 된다. 미숙과에 들어 있는 전분은 성숙도에 따라 점점 감소되면서 당 함량이 증가해 과일의 단맛을 주게 된다. 또한 미숙과에 들어 있는 타닌은 떫은맛을 내는 원인 물질이며, 성숙함에 따라 감소되면서 맛이 좋아진다.

3. 채소와 과일의 저장 및 숙성

1) 채소 저장

채소는 신선할 때 먹는 것이 좋으며 수확하여 시간이 지날수록 수분이 적어지고 섬유질도 많아지면서 질겨진다. 뿐만 아니라 신선한 채소를 싱싱하게 잘 보관하는 것도 중요하다. 선도를 유지하기 위하여 씻지 않고 수분 증발을 막고자 구멍을 1~2개 뚫은 비닐봉지 등으로 싸서 냉장 보관을 하도록 하며 채소 종류에 따라 보관법은 차이가 있다. 양념으로 많이 사용되는 마늘과 파는 다지거나 썰어 소분하여 포장 후 냉동하며, 녹색채소는 데친 후 냉동하도록 한다. 조리에 사용할 때에는 반해동 또는 냉동된 상태로 사용한다.

채소를 말리면 당질과 무기질 등이 농축되어 신선할 때보다 더 증가하지만 향과 색, 비타민 C의 손실이 따른다. 따라서 녹색채소를 말릴 때는 데쳐서 건조한다. 건조시간이 너무 길면 미생물이 번식할 수 있어 주의해야 하며, 건조된 채소를 불릴 때는 찬물에 오래 불리는 것보다 2분 정도 끓이거나 80℃의 물에서 불려야 맛과 질감이 좋아지고 수용성 영양성분의 손실도 줄일 수 있다.

표 12-3 채소 저장방법

분류	저장방법	종류
엽채류	· 젖은 종이로 감싸 실온에 보관하거나 비닐팩에 넣어 냉장 보관 · 푸른잎채소의 경우 데치거나 삶아 밀폐용기에 넣어 냉장 또는 냉동 보관	배추, 양배추, 시금치 등
화채류	· 저장성이 나빠 빨리 사용하는 것이 좋으며, 랩으로 싸서 줄기가 아래로 향하게 냉장 보관 또는 살짝 데쳐서 밀폐용기에 넣어 냉동 보관	브로콜리, 콜리플라워 등
근채류	· 종이로 감싸 서늘한 장소에 보관하거나 비닐팩에 넣어 냉장 보관 · 감자는 보관 시 햇빛을 차단하고 바구니에 넣어 실온 보관 · 양파는 바람이 통하도록 하면서 매달아 두기	무, 양파, 당근, 우엉 등
경채류	· 랩 또는 비닐팩에 넣어 냉장 보관	아스파라거스, 셀러리 등
과채류	· 미숙할 경우 실온에서 익힌 후 비닐봉지에 넣어 냉장 보관(토마토) · 가지는 랩으로 감싸주고 시들기 쉬워 냉장 보관하면 안 됨 · 물기 없이 비닐팩에 넣어 냉장 보관(오이, 피망 등)	오이, 피망, 가지 등

알고 갑시다

토마토에 설탕을 뿌려 먹으면 안 좋은가?

토마토의 싸이아민은 몸 안에서 흡수과정 중 당질대사에 필요한 성분인데, 함께 먹으면 흡수되기 전에 사용되어 설탕의 대사에 싸이아민이 사용되어 손실이 있기 때문이다.

2) 과일 숙성과 저장

과일은 익으면 전분이 분해되면서 당이 생성되어 단맛이 증가한다. 수확 후에도 호흡작용이 진행되다 보니 유기산이 줄면서 과일 고유의 향을 내는 에스터로 전환된다.

후숙과일인 바나나, 키위 등은 약간 덜 익은 상태로 수확을 하여 실온에서 후숙시키면 호흡률이 증가되어 완숙과일이 되며, 호흡속도를 높이기 위해 에틸렌가스를 이용하여 숙성을 촉진시키기도 한다. 과일은 숙성 후 시간이 지날수록 수분이 감소하면서 무게가 감소하고, 변색 및 산도 증가 등으로 선도가 떨어지게 된다. 따라서 과일을 CA저장controlled-atmosphere storage을 하면 호흡작용과 에틸렌 생성작용이 억제되어 과실 후숙 및 노화현상이 지연되어 미생물의 성장과 변색이 억제된다. 따라서 과일의 선도를 오랜시간 유지할 수 있고 장기간 저장도 가능해져 출하시기를 조절할 수 있게 된다. 신선한 과일은 냉장 보관을 하되 마르지 않도록 비닐팩 또는 뚜껑이 있는 용기에 넣어 보관을 하고, 냉동 · 건조 · 통조림 · 당 저장 등으로 가공 처리를 하여 저장성을 높이기도 한다.

알고 갑시다

사과와 다른 과일을 함께 보관하면 안 좋은 이유는?

사과를 다른 채소 · 과일과 함께 보관하면 사과가 호흡하면서 에틸렌을 내보내 다른 채소 · 과일이 빨리 시들고 맛이 없어진다.

4. 채소와 과일의 조리원리

1) 영양성분 변화

채소를 씻을 때는 조직이 손상되지 않도록 마찰을 줄여야 하며, 건조된 채소는 물에 불려둘 경우 조리수를 흡수하지만, 신선한 상태의 채소를 삶거나 데칠 경우 조리시간이 길어질수록 수용성 비타민, 무기질 등이 물에 용출되어 손실이 커진다. 채소나 과일의 경우 먼저 물에 씻은 후, 용도에 맞추어 썰고 바로 조리를 하도록 한다. 조리과정 중 가장 손실되기 쉬운 것은 비타민 C이며, 녹색채소 조리 시 색을 선명하게 유지하고자 중조를 사용하면 싸이아민, 리보플라빈, 비타민 C 등의 파괴를 촉진하므로 사용하지 않는 것이 좋다. 특히 믹서 또는 착즙기 등을 이용하여 즙을 만드는 경우 비타민 C가 파괴되거나 폴리페놀 산화가 일어나 갈변하게 된다. 따라서 주스를 만들면 영양성분 손실을 막고자 바로 먹는 것이 좋으며 즙을 낼 때 용도에 맞추어 소금 또는 산을 첨가하면 비타민 C 산화와 갈변을 방지할 수가 있다. 가열조리 중 데치거나 삶을 때 비타민 C가 수용성이므로 국물 속에 용출된 부분을 이용하고자 국물과 함께 이용하면 좋다. 튀김이나 볶음과 같은 조리방법을 쓰면 단시간 가열이어서 손실을 줄일 수가 있다.

2) 향기성분의 변화

조리과정 중 채소 종류에 따라 향기성분이 다르고, 조리에 의한 영향도 다르게 나타난다. 가열하는 경우 휘발성 유기산은 날라가고, 향미가 감소하거나 단맛이 증가하고 또는 이취를 내기도 한다.

마늘을 다지면 매운맛이 나지만 시간이 지날수록 불쾌취가 발생하므로 썰거나 다진 후 바로 사용하는 것이 좋다. 양파의 경우 썰거나 다지면 최루성이 강한 매운맛이 나며, 열을 가하면 단맛이 증가하면서 향미는 약해진다. 배추에 함유되어 있는 황화합물은 조리 시 쿰쿰한 냄새와 맛을 내는데 조리시간이 길어질수록 황화수소 가스를 만들어 냄새와 맛이 좋지 않으므로 단시간 가열하는 것이 좋다.

3) 질감의 변화

채소는 조리과정을 통해 질감에 영향을 준다. 예를 들어, 배추를 소금에 절이는 과정처럼 농도가 높으면 삼투압에 의해 세포 내 수분이 밖으로 나와 조직이 단단해진다. 가열을 하면 세포 내의 용질이 조리수로 침출되므로 채소를 조리할 때는 간을 약하게 하거나 단시간 가열하는 것이 좋다. 조리수에 중조를 넣어 채소를 데치거나 삶으면 섬유소를 분해하여 부드러워지지만, 수용성 비타민 파괴를 초래하여 사용 시 주의해야 한다. 산을 첨가하면 단단해지는데, 예를 들어 연근·우엉을 데칠 때 식초를 넣어주면 아삭한 질감을 얻을 수 있다.

4) 맛의 변화

식품의 맛성분

- 매운맛 : 고추–캡사이신
- 쓴맛 : 오이(꼭지)–쿠쿠르비타신 쑥–투존
- 떫은맛 : 가지–클로로겐산

채소는 고유의 향과 더불어 종류에 따라 매운맛, 아린 맛, 쓴맛, 떫은맛 등을 가지고 있는데, 채소의 수용성 맛성분이 용출되어 고유의 맛을 잃지 않도록 단시간 조리하는 것이 좋다. 양파의 매운맛은 알릴프로필다이설파이드allylpropyldisulfide로, 구우면 양파 속 황화알릴 등 일부 영양소가 열에 의해 분해되면서 프로필메캅탄propylmecaptan이라는 성분을 만들어 단맛이 증가되고, 가지, 호박도 물에 데치는 것보다는 찜이나 팬에 구우면 향과 맛을 더 살릴 수 있다. 도라지, 더덕 등은 사포닌saponin이 있어 쓴맛을 가지고 있으므로 물 또는 1% 소금물에 담그는 것이 좋다.

알고 갑시다

양파를 썰면 왜 눈물이 나올까?

- 양파를 썰거나 다지면 세포 안에서 반응해 눈물을 나게 하는 최루성 물질(프로페닐스르펜산)이 생겨나는데 휘발성물질로 눈에 들어가면 분해되어 화학작용을 일으켜 눈물이 난다.
- 양파를 썰고 1분 정도 물에 담가두거나 칼에 물을 묻혀 양파를 썰면 눈물을 줄일 수 있다.
- 프로페닐스르펜산은 열에 의해 분해되는 성질을 가지고 있어 양파를 대량으로 썰 때 여러 개의 촛불을 켜 놓으면 눈물샘을 자극하는 일을 줄일 수 있다.

5) 채소와 과일의 갈변

감자, 우엉, 연근, 사과, 배, 바나나 등 껍질을 깎아 공기 중 노출시키면 갈색으로 변하는 것을 볼 수가 있는데, 이는 폴리페놀 화합물이 산소가 존재하면 폴리페놀 산화효소에 의해 갈변하기 때문이다. 갈변을 돕는 효소는 폴리페놀산화효소polyphenoloxidase와 타이로시네이스tyrosinase 등이 있으며, 갈변은 폴리페놀 기질이 산소와 효소에 의하여 퀴논 화합물을 형성하고 계속 산화·축합되면서 멜라닌 색소를 만들기 때문이다. 갈변현상을 억제하는 방법은 다음과 같다.

- 가열 : 효소는 단백질로 구성되어 있어 열에 약하여 가열하면 쉽게 불활성화된다. 통조림이나 병조림을 제조할 때 열처리를 하면 효소가 불활성화되어 갈변을 억제할 수 있다.
- 온도 : 냉장, 냉동 온도에서도 효소의 작용이 억제되어 갈변현상을 방지할 수 있으며, 동결 저장을 사용한다.
- pH : 효소의 최적 pH에서 멀어지면 불활성화되며, 과일을 구연산 등의 산성용액에 담가 두면 갈변현상을 방지할 수 있다.
- 산소 : 갈변반응을 일으키는 산소의 접촉을 피하도록 하며, 과일의 경우 설탕을 묻히거나 설탕물 또는 물에 담가둔다.
- 항산화제 : 비타민 C는 강력한 항산화제로 작용하며 용액에 담가두면 갈변을 방지

할 수 있다.

- 아황산가스 또는 아황산염 이용 : 효소의 작용을 억제하므로 갈변을 방지한다.
- 소금 : 묽은 소금물의 염소이온 성분이 갈변을 억제해 준다.

알고 갑시다

죽순통조림에 있는 하얀 앙금의 정체?

수산염, 전분, 단백질, 아미노산 등이 티록신thyroxine과 결합해서 생기는 것으로 죽순을 물에 씻거나 끓는 물에 데치면 없앨 수 있다.

6) 펙틴 젤의 형성

(1) 펙틴

펙틴젤을 형성하기 위해 과일의 펙틴 함량은 1% 정도가 좋다. 펙틴 분자량이 클수록 젤 형성에 필요한 당과 산은 소량 필요하다. 메톡실기가 7% 이하인 저메톡실 펙틴은 Ca^{2+} 또는 Mg^{2+}이 존재할 때 당과 산의 양과 관계없이 젤을 형성하므로 당농도가 낮은 잼이나 젤리를 만들 때 사용할 수 있다. 반면에 고메톡실 펙틴은 메톡실기가 7% 이상인 펙틴으로 당 함량은 높고, pH는 낮은 경우에 젤이 만들어진다. 펙틴은 조리 시 불용성 물질인 프로토펙틴이 열에 의해 용해성 펙틴으로 전환되고, 설탕과 산이 첨가되면 젤리, 잼 등을 만들 수가 있다. 잼을 만들 때 필요한 3요소는 펙틴 1%, 설탕 65%, pH 3.0~3.3이다. 미숙한 과일은 잼을 만들기 어려워 성숙된 과일을 선택하는 것이 좋으며, 산이 적은 과일은 레몬즙을 넣어 잼을 만들면 좋다.

(2) 설탕

잼을 만들 때 설탕을 첨가하는데 탈수제 역할을 하기 때문이며, 펙틴분자로 이루어진 졸sol을 형성한 상태에 설탕을 첨가하면 교질용액에 물분자와 펙틴 표면에 수화된 물분자들이 설탕 수화에 이용되어 제거되므로 펙틴분자 간격이 줄게 된다. 설탕의 양을 증가시키면 젤의 경도가 강해지고 빨리 만들 수가 있으며, 나중에 넣으면 강도가 약해진다. 최적농도는 65%이며, 과량의 설탕을 첨가하거나 장시간 가열할 때, 산이 충분하지 않고 밀봉이 늦어질 경우 결정이 석출된다.

알고 갑시다

잼의 보관

잼을 만들 때 병소독이 잘 안 되어 있거나 밀봉이 제대로 안 되면 곰팡이 · 효모가 자라 산이 생성되며, 산도가 너무 높아 일어나는 현상을 이장현상이라고 한다.

(3) 산

설탕 첨가 후 산의 함량이 많으면 단단한 젤을 만들 수 있다. 최적 pH는 3.0~3.3이며, 딸기, 복숭아, 살구 등은 산 함량이 적으므로 레몬즙을 첨가하거나 구연산 또는 사과산을 첨가해 주면 좋다.

알고 갑시다

채소로도 잼을 만들 수 있는 이유?

펙틴은 채소보다 과일에 풍부하지만 채소로 잼을 만들면 섬유소의 질긴 부분이 익으면서 부드럽게 바뀌어 소화에 도움을 준다.

단원정리

다음의 내용을 이해하셨나요?

1. 채소와 과일의 분류
2. 채소와 과일의 구성성분
   - 영양성분
   - 색소성분
   - 질감성분
   - 향미성분
3. 채소와 과일의 조리원리
   - 영양성분 변화
   - 향미성분 변화
   - 질감 변화
   - 맛의 변화
   - 갈변
   - 펙틴젤 형성
4. 채소와 과일의 저장

13

CHAPTER

해조류와 버섯류

1. 해조류 | 2. 버섯류

학습목표

- 해조류 종류를 설명할 수 있다.
- 해조류의 조리 특성을 설명할 수 있다.
- 버섯류 종류를 설명할 수 있다.
- 버섯류의 조리 특성을 설명할 수 있다.

1. 해조류

해조류는 수중에서 생활하며 서식하는 바다의 깊이에 따라 광합성 능력이 다르다. 녹색을 띠는 클로로필, 황색을 띠는 카로테노이드, 적색을 띠는 피코빌린 색소의 양과 배합에 따라 색이 구분되어 녹조류, 갈조류, 홍조류로 분류한다. 녹조류는 얕은 바다, 갈조류는 중간 깊이의 바다, 홍조류는 깊은 바다에 서식하나 김처럼 얕은 바다에 서식하는 홍조류도 있다. 해조류는 뿌리, 줄기, 잎 등을 명확하게 구별하기 어려우며, 식용은 눈으로 볼 수 있는 크기이다. 우리나라 근해에 서식하는 약 500여 종의 해조류 중 50여 종이 식용으로 이용되고 있으며 해조류를 원료로 한 알긴산alginic acid이나 한천agar 등은 식품 가공의 원료로 이용되기도 한다.

1) 해조류의 성분

해조류는 수분, 탄수화물, 단백질, 비타민, 무기질 등으로 구성되어 있고 여러 가지 기능성 물질을 함유하고 있다.

(1) 탄수화물

해조류는 다량의 탄수화물을 함유하고 있으나 대부분 인체 내에서 소화되기 어려워 열량이 낮다. 건조된 해조류의 탄수화물 함량은 약 25~60% 정도이며, 녹조류는 포도당과 헤미셀룰로스, 갈조류는 알긴산, 퓨신, 푸코이단fucoidan, 홍조류는 한천, 카라기난carrageenan 등을 함유하고 있다.

알긴산은 미역, 다시마 등 갈조류의 세포막에 존재하는 점성 다당류로 인체 내에서 혈압 상승 억제, 콜레스테롤 저하 및 정장 작용을 한다. 또한 안정제나 유화제로 아이스크림, 농축 오렌지주스, 토마토케첩, 소스 등의 제조에 이용된다.

알고 갑시다

분자요리와 알긴산

분자는 물질의 성질을 가지고 있는 가장 작은 단위이다. 분자요리는 과학적으로 음식의 질감 및 요리과정 등을 분석한 후 전혀 다른 형태로 음식을 만드는 것을 말한다. 해조류의 알긴산은 알긴산나트륨이나 알긴산칼륨 분말 형태로 판매되는데 이것을 물에 녹인 후 염화칼슘과 반응시키면 굳게 된다. 사과 캐비어, 망고 캐비어 등은 이러한 과학적 성질을 이용한 분자요리이다.

(2) 단백질

건조된 해조류의 단백질 함량은 약 10~30%이며 마른김의 경우 30~35% 정도이다. 해조류에 함유된 필수아미노산은 다양하나 메싸이오닌, 아이소루신, 라이신 등은 부족하다.

(3) 비타민과 무기질

해조류는 싸이아민, 리보플라빈, 나이아신 등 비타민이 풍부하며 β-카로텐 함량이 높아 비타민 A의 좋은 급원이 된다. 또한 칼슘, 인, 철 등의 무기질 함량이 많고 특히 요오드 함량이 많다.

(4) 특수성분

① 향

녹조류와 홍조류의 고유한 향은 다이메틸설파이드dimethyl sulfide에 의한 것이고 미역, 다시마 등 갈조류의 향은 터펜terpene계 물질에 의한 것이다.

② 색소

녹조류의 주색소는 녹색의 클로로필과 황색의 카로테노이드이고, 갈조류의 주색소는 카로테노이드 색소 중 황갈색의 푸코잔틴과 β-카로텐이며, 홍조류의 주색소는 적

알고 갑시다

김의 색깔

- 김은 검게 보이는데, 오래된 김은 붉은색으로 보인다. 그 이유는 보관 중 광선 또는 공기 접촉을 통해 클로로필이나 잔토필이 분해되어 붉은색으로 보이기 때문이다.
- 김을 구우면 파랗게 보이는데, 이것은 열에 의해 적색의 피코에리트린이 탈수소화되어 청색의 피코싸이아닌으로 변하고 이것이 클로로필 색소와 함께 파랗게 보이는 것이다.

색의 피코에리트린과 청색의 피코싸이아닌, 클로로필, 카로테노이드 색소 중 하나인 붉은색의 잔토필 등이다.

2) 해조류의 종류 및 조리원리

(1) 녹조류

녹조류green algae는 해수면 가까이 서식하는 조류로 다량의 클로로필과 소량의 카로테노이드를 함유하고 있어 녹색을 띠며, 그 종류로는 파래, 청각, 매생이, 클로렐라 등이 있다.

① 파래

파래에는 다이메틸설파이드가 함유되어 있어 고유한 향을 내고, 클로로필이 함유되어 있어 녹색을 띠는데 선명한 녹색을 띤 파래가 좋다. 파래는 비타민과 철, 칼슘 등의 무기질을 다량 함유하고 있으나 다른 해조류에 비해서 요오드 함량이 적다. 파래는 생채나 무침 등으로 조리하여 먹거나 김처럼 가공하여 먹기도 한다.

② 청각

청각은 사슴뿔 모양의 감촉이 매끄럽고 검푸른색을 띠며 칼슘과 요오드를 다량 함유하고 있다. 청각은 조리 시 생선의 비린내를 감소시키거나 김장김치의 양념 중 마늘 냄새를 중화할 목적으로 이용하며 무침이나 국 등의 재료로도 이용한다.

③ 매생이

매생이는 파래보다 부드럽고 가늘며 특유의 향과 맛을 지니고 있을 뿐만 아니라 칼륨과 철 등의 함량이 많아 오래전부터 국이나 전 등에 이용되었다.

④ 클로렐라

클로렐라는 성장속도가 빠르고 건조된 클로렐라의 경우 약 45%의 단백질을 함유하고 있어 단백질 및 고영양 식량으로 이용범위가 넓다.

(2) 갈조류

갈조류brown algae는 중간 깊이의 바다에서 서식하는 조류로 다량의 β-카로텐과 푸코잔틴, 소량의 클로로필을 함유하고 있어 갈색을 띠며 종류로는 미역, 다시마, 톳, 모자반, 감태 등이 있다.

① 미역

미역은 알긴산, 만니톨, 라미나린, 헤미셀룰로스 등의 다당류 및 필수아미노산을 함유하고 있으며 특히 칼슘, 요오드, 철 등의 무기질 함량이 많다.

알고 갑시다

미역을 산후조리 시 먹는 이유

미역은 자궁 수축과 지혈 효과가 있어 산후조리 시 섭취하면 산모의 건강 회복 및 모유 생성에 도움을 준다. 또한 칼슘과 섬유소가 다량 함유되어 있어 산모의 뼈 건강과 변비 예방에도 효과가 있다.

② 다시마

다시마에 묻어 있는 흰색 가루는 건조할 때 자연스럽게 생성되는 천연물질인 만니톨 성분으로 단맛을 낸다. 다시마는 부각, 튀각, 조림, 국, 차 등에 이용되며, 조리 시에는 깨끗한 마른 헝겊으로 표면을 닦은 후 씻지 않고 사용하는 것이 좋다. 다시마의 글루탐산은 감칠맛을 내지만 오래 끓이면 쓴맛이 나므로 조리 시 너무 오래 끓이지 않도록 한다.

③ 톳

톳은 색이 검고 광택이 있는 것이 좋으며 봄부터 초여름까지 가장 연하고 맛이 좋다. 톳은 밥이나 냉국, 무침, 샐러드 등에 이용된다.

④ 모자반

모자반은 황갈색을 띠고 있으며 약 20여 종이 있다. 이 중 많은 종류가 식용으로 이용되며 식품공업의 원료 또는 비료로 이용된다.

⑤ 감태

감태의 색은 갈색인데 건조하면 흑색으로 된다. 감태는 알긴산, 요오드 및 칼륨 함량이 많고 푸코이단과 타닌tannin도 함유하고 있으며 항산화, 항암, 항염증, 항노화 등에 효과가 있는 것으로 알려져 있다.

(3) 홍조류

홍조류는 적색의 피코에리트린과 청색의 피코싸이아닌, 클로로필, 카로테노이드를 함유하고 있어 붉은색 또는 녹색을 띠며 종류로는 김, 우뭇가사리 등이 있다.

① 김

김은 구수한 맛을 내는 글리신, 글루탐산 등의 아미노산, 비타민 A, 싸이아민, 리보플래빈, 비타민 C, 비타민 D 등의 비타민과 칼슘, 칼륨, 철, 인 등의 무기질이 풍부하게 함유되어 있다.

② 우뭇가사리

우뭇가사리는 젤을 형성하는 성질을 가지고 있어 한천의 원료로 이용된다. 한천은 식용으로 양갱, 잼, 젤리, 우무, 수프, 과자, 푸딩 등의 제조에 이용되고 미생물 배지를 만들 때도 이용된다.

3) 한천의 특성 및 조리원리

(1) 한천의 제조 및 주성분

한천은 홍조류인 우뭇가사리를 삶아서 콜로이드 용액을 냉각시켜 젤 상태로 엉기게 하여 제조한다. 주성분은 갈락토스로 구성된 다당류인 갈락탄이고, 이것은 아가로스와 아가로펙틴으로 구성되어 있다.

(2) 한천의 조리원리

한천은 0.2~1.5% 정도의 농도로 녹인 후 식히면 젤을 형성하고 응고성, 점탄성, 보수성이 있어 과일젤리와 양갱 등 식품 소재로 많이 이용된다. 양갱을 만들 때 팥앙금, 밤, 고구마 등의 내용물은 한천 젤이 40℃ 정도에서 응고되기 직전에 넣고 잘 저은 후 응고시키면 아래로 가라앉는 것을 방지할 수 있다.

젤을 방치할 때 조직 내에서 액체가 빠져나오는 현상을 이장현상syneresis이라고 하는데 한천의 농도를 높이거나 가열시간을 늘리면 젤의 강도가 커져 이장현상을 줄일 수 있다. 또한 젤을 방치하는 시간을 줄이거나 첨가하는 설탕의 양을 늘리거나 3~5% 소금을 첨가하는 것으로도 이러한 현상을 줄일 수 있다표 13-1.

표 13-1 한천의 응고에 영향을 주는 요인

요인	응고에 미치는 영향
온도	· 약 28~35℃에서 응고하므로 냉각이 필요 없고 실온에서 응고됨 · 온도가 낮을수록 응고속도가 빠르고 젤 강도가 증가됨
농도	· 약 0.2~1.5% 농도에서 젤을 형성함 · 농도가 높을수록 응고속도가 빠르고 젤 강도가 증가됨 · 농도가 지나치게 높으면 젤이 갈라지는 현상이 나타남
pH	· 산성에서는 유기산에 의한 가수분해로 젤 강도가 저하됨 → 과즙 첨가 시 젤 강도 저하를 방지하기 위해서 한천용액을 60℃ 정도로 가열한 후 넣는 것이 좋음 · 알칼리성에서는 젤 강도가 증가함

(계속)

요인	응고에 미치는 영향
설탕	· 설탕을 0~60% 첨가 시 설탕량 증가에 따라 젤의 강도, 점탄성, 투명도가 증가됨 · 설탕을 75% 이상 첨가 시 젤 강도가 저하됨
소금	· 소금을 많이 첨가할수록 젤 강도가 증가함 · 3~5% 소금을 첨가하면 젤의 이장현상을 줄일 수 있음
우유	· 우유의 지방과 단백질에 의해 젤 형성이 저해됨
난백	· 거품난백을 첨가할 경우 거품난백의 비중이 한천보다 낮아 위로 떠서 분리되기 쉬움 → 설탕을 넣으면 분리되는 현상을 방지할 수 있음 · 난백 첨가 온도가 65℃ 이상이면 난백단백질의 응고로 젤의 투명도가 떨어질 수 있음

알고 갑시다

한천 젤과 젤라틴 젤의 특성 비교

	한천 젤	젤라틴 젤
원료	홍조류의 우뭇가사리	동물의 가죽, 힘줄, 연골 등
특성	식물성	동물성
성분	갈락탄(다당류)	콜라겐(단백질)
용도	양갱, 과일젤리, 미생물용 배지 등	족편, 무스케이크, 마시멜로 등
소화 · 흡수	소화 · 흡수되지 않음	소화 · 흡수됨
사용농도	0.2~1.5%	3~4%
응고온도	28~35℃ (실온에서 응고)	3~10℃ (냉장온도에서 응고)
용해온도[1]	80~100℃	40~60℃
융해온도[2]	68~84℃ (여름철 실온에서 형태 유지)	25℃ (여름철 실온에서 형태 붕괴)

1) 용해온도: 고체가 액체에 녹는 온도
2) 융해온도: 고체가 열에 의해 액체로 바뀌는 온도

출처: 송태희 외 4인, 2020.

2. 버섯류

분류학상 담자균류에 속하는 버섯은 진균류 중 포자가 들어 있는 자실체가 육안으로 보일 정도로 발달한 것을 총칭한다. 식용버섯으로는 표고버섯, 양송이버섯, 느타리버섯, 송이버섯, 팽이버섯 등이 있는데 버섯 고유의 색을 가지고 윤기가 나며 신선해 보이는 것이 좋다.

1) 버섯류의 성분

버섯은 생것을 기준으로 할 때 수분 80~90%, 탄수화물 2~8%, 단백질 2~4%, 지질 0.1~0.4%로 구성되어 있다. 버섯에는 식이섬유와 무기질이 많이 함유되어 있으며 싸이아민, 리보플라빈, 비타민 D의 전구체인 에르고스테롤이 다량 함유되어 있다. 또한 감칠맛 성분인 글루탐산, 루신, 알라닌 등의 아미노산과 핵산물질인 구아닐산을 함유하고 있다.

2) 식용 버섯류의 종류 및 조리

(1) 표고버섯

표고버섯은 비타민 C와 양질의 식이섬유 함량이 높으며 5′-GMP, 만니톨, 트레할로스 등의 성분이 감칠맛과 풍미를 낸다. 또한 표고버섯 특유의 독특한 향을 내는 렌티오닌lenthionin을 함유하고 있다. 버섯은 건조 과정에서 생표고버섯 안에 함유되어 있는 에르고스테롤ergosterol이 자외선에 의해 비타민 D로 전환된다. 말린 표고버섯은 갓의 펴짐 정도에 따라 1~5등급으로 분류하며, 색과 향에 따라 백화고, 흑화고, 동고, 향고, 향신으로 구분한다. 조리 시에 말린 표고버섯은 물에 불린 후 불린 물과 함께 전골, 볶음, 구이, 탕 등 다양한 요리에 이용된다.

알고 갑시다

말린 표고버섯 불리는 방법

말린 표고버섯을 10~40℃의 미지근한 물에서 불리면 세포 안으로 물이 들어가 건조 시 파괴된 핵 안까지 물이 침투되고 리보핵산이 건조 중 효소에 의해 분해되어 구아닐산5'-GMP이 생성된다. 이때 설탕을 소량 넣어서 불리면 원상태로 빨리 돌아가며 감칠맛도 잘 유지된다. 말린 표고버섯을 불린 물은 감칠맛, 향, 영양소가 풍부한 천연조미료이므로 조리 시 함께 이용하도록 한다.
말린 표고버섯을 5℃ 정도의 차가운 물에 불리면 수분 침투의 속도도 더디고 시간도 오래 걸리지만 조리 시 구아닐산 성분을 더 많이 생성한다.

(2) 양송이버섯

양송이버섯은 갓이 단단하고 크림색을 띠며 갓과 대 사이에 피막이 떨어지지 않는 것이 좋다. 양송이버섯에는 타이로시네이스가 함유되어 있어 쉽게 갈변되므로 데친 후에 사용하는 것이 좋다. 양송이버섯은 수프, 피자, 구이 등 다양한 조리에 활용된다.

(3) 송이버섯

송이버섯은 살아있는 소나무 뿌리에 붙어 공생하는 버섯으로 인공재배가 어렵다. 감칠맛성분으로 글루탐산, 아스파트산, 구아닐산을 함유하고 있으며, 향기성분으로 메틸시나메이트methyl cinnamate와 마츠타케올matsutakeol을 함유하고 있다. 조리 시 송이버섯 특유의 향을 보존하기 위해 양념을 거의 하지 않거나 소금 양념을 하여 구이, 산적, 탕, 전골 등에 사용한다.

(4) 팽이버섯

팽이버섯은 싸이아민, 리보플래빈이 풍부하게 함유되어 있고 특유의 달콤한 향기를 내며 씹히는 질감이 좋다. 조리 시에는 밑동의 톱밥 부분을 제거하여 국, 찌개, 전골 등을 끓일 때 사용하는데 질겨질 수 있으므로 짧은 시간 동안 가열한다.

(5) 느타리버섯

느타리버섯은 대가 탄력이 있고 길이가 균일한 것이 좋으며, 갓은 주변에 흰색의 포자가 묻지 않은 것이 좋다. 향이 은은하고 씹히는 조직감이 좋아 나물, 국, 찌개, 전골 등 다양한 요리에 잘 어울린다.

(6) 목이버섯

목이버섯은 비타민 D의 전구체인 에르고스테롤을 함유하고 있으며 특히 식이섬유의 함량이 많다. 짙은 갈색을 띠고 있으며 맛과 향이 강하고 씹는 촉감이 좋아 잡채와 중국요리에 많이 이용된다.

(7) 석이버섯

표면은 검은색, 안쪽은 회색을 띠는 석이버섯은 물에 불려 꼭지를 딴 후 깨끗하게 비비고 여러 번 헹궈 사용한다. 석이버섯을 국수의 고명으로 사용할 때는 말아서 채 썰어 사용한다. 건조된 석이버섯은 가루로도 사용하는데 주로 떡과 지단에 이용된다.

(8) 노루궁뎅이버섯

노루궁뎅이버섯은 참나무, 떡갈나무, 호두나무 등 활엽수의 줄기에 한 개씩 자라는데 갓을 형성하지 않고 달걀형 또는 반구형으로 성장 후 흰 바늘 모양의 부드러운 돌기가 자란다. 노루궁뎅이버섯은 인공재배를 하여 식용으로 이용하며 자실체가 어릴 때는 흰색을 띠다가 성장하면 황색 또는 황갈색으로 변한다. 탄수화물, 단백질, 아미노산, 효소, 무기염류 및 비타민이 풍부하고 글루탐산 함량이 많으며 조직이 스펀지처럼 부드럽다.

(9) 능이버섯

능이버섯은 활엽수림이 많은 산지에서 채취할 수 있고 인공재배는 어렵다. 능이버섯의 갓은 깔대기 모양으로 색이 연갈색이며 넓게 퍼져 있는 것이 좋다. 칼륨, 나트륨이 매우 풍부할 뿐만 아니라 인, 칼슘, 마그네슘 등 각종 무기질 함량이 많고 독특한 향이 있어 조리에 많이 이용된다.

(10) 송로버섯

세계 3대 진미 중 하나인 송로버섯은 소나무 숲의 땅속에서 자라고 서양의 송로버섯인 트러플truffle은 떡갈나무 숲의 땅속에서 자라 채취하기 어렵고 인공재배도 어렵다. 송로버섯의 표면은 흰색이지만 땅속에서 꺼내어 놓으면 황갈색 또는 적갈색으로 변한다. 습기가 차면 단단한 식감이 물러지므로 보관 시 유의해야 하며, 마른 헝겊으로 표면을 닦아 이물질을 제거한 후 사용한다. 향이 강하여 조리 시 가루를 내어 음식에 뿌려 먹거나 샐러드, 전채요리, 소스, 수프 등에 소량씩 이용한다.

세계 3대 진미
송로버섯, 철갑상어 알, 거위간

알고 갑시다

버섯에도 유통기한이 있나요?

식용버섯은 생것 기준으로 상온에서 1~2일 또는 냉장에서 3~7일 정도 보관이 가능하나 버섯의 종류, 수분 함량, 보관방법 및 보관온도 등에 따라 조금씩 차이가 있다. 저온에서 버섯을 보관하면 호흡 등 생리작용 억제가 가능하고 PEpolyethylene 필름 포장을 하면 건조 및 산소의 투과를 억제하여 버섯의 저장성을 연장할 수 있다. 팽이버섯과 느타리버섯은 상온에서 저장기간이 1~2일, PE 필름 포장하여 0~4℃ 저온에서 저장 시 15일 정도 저장이 가능하다.

단원정리

다음의 내용을 이해하셨나요?

1. 해조류의 특성 및 종류
   - 녹조류
   - 갈조류
   - 홍조류
2. 한천 젤리의 응고에 영향을 미치는 요인
3. 한천 젤리의 이장현상 감소요인
4. 한천 젤과 젤라틴 젤의 차이점
5. 식용 버섯의 맛성분과 향기성분

참고문헌

김소미, 김은희, 박세영, 최선혜. **우리 생선 이야기**. 도서출판 효일, 2002.

김은경. **(채소소믈리에가 알려주는 53가지) 채소수첩: 건강한 식생활을 만들어 주는 채소가이드북**. 우듬지, 2013.

노봉수, 이승주, 백형희, 이재환, 윤현근, 정승현, 이희섭. **생각이 필요한 식품재료학**. 수학사, 2017.

농촌진흥청. **농업기술길잡이**. 2016.

송주은, 현영희, 변진원, 백승희, 김종욱, 전기수, 김미정. **최신조리원리**. 백산출판사, 2006.

송태희, 우인애, 손정우, 오세인, 신승미. **이해하기 쉬운 조리과학**. 교문사, 2019.

신말식, 김완수, 이경애, 김미정, 윤혜현, 김성란(역). **식품과 조리과학**. 라이프사이언스, 2001.

신말식, 이경애, 김미정, 김재숙, 황자영. **조리과학**. 파워북, 2016.

신해헌, 김기언, 서종권, 손규목, 여생규. **식품가공저장학 원론 및 실습**. 지구문화사, 2015.

아라후네 요시타카, 카와이 사치코, 코야마 켄지, 타카하시 시게유키, 타나카 시마코, 나카가와 유키코, 하기야 미야코, 야츠시로 타케루, 야마자키 토모요시 저, 김나나, 주미경, 이여주 역. **맛있는 요리에는 과학이 있다**. 홍익출판사, 2018.

안미령. **메뉴개발을 위한 조리원리**. 지구문화, 2019.

이경애, 문보경, 황자영, 이인선. **이해하기 쉬운 조리원리**. 파워북, 2019.

이주희, 김미리, 민혜선, 이영은, 손은승, 권순자, 김미정, 송효남. **과학으로 풀어쓴 식품과 조리원리**. 교문사, 2019.

정재홍, 김종현, 이나겸, 최향숙, 김현영, 임용숙, 정수식, 정수근. **식품조리원리**. 광문각, 2017.

정현숙, 정외숙, 임효진, 박춘란. **새로운 조리과학**. 지구문화사, 2009.

조경련, 김미리, 김옥선, 손정우, 송미란, 최향숙, 최해연. **이해하기 쉬운 식품과 음식재료**. 파워북, 2013.

조미자, 강옥주, 계인숙, 김명숙, 김병숙. **조리원리 이론과 실습**. 교문사, 2015.

주나미, 박상현, 정은경, 김보람, 이희정. **이해하기 쉬운 조리원리 및 실험**. 파워북, 2018.

주선태. **(고기박사 필로교수가 알려주는 82가지) 고기수첩**. 우듬지, 2012.

차윤환, 조석철, 강병선, 한명륜, 조은아. **식품가공저장학**. 파워북, 2016.

채범석, 김을상. **영양학사전**. 아카데미서적, 1998.

최영전. **한국민속식물**. 아카데미서적, 2006.

한국대학식품영양관련학과 교수협의회. **조리원리**. 교문사, 2013.

한국식품과학회. **식품과학기술대사전**. 광일문화사, 2008.

한복려, 한복진. **한국인의 장**. 교문사, 2013.

황지희. **(바다 향 가득한 건강식품 66가지) 생선 · 해산물 수첩**. 우듬지, 2013.

(사)한국식품과학회. **식품과학용어집**. 교문사, 2015.

강근옥, 김종군, 김우정. 열처리와 염의 첨가가 동치미 발효에 미치는 영향. **한국영양식량학회지, 20**(6): 565–571, 1991.

김다희, 김수진, 백승연, 김미리. 가시파래 첨가 생면의 이화학적 품질 특성 및 항산화 활성. **한국식품영양과학회지, 49**(7): 686–694, 2020.

김상숙, 정혜영. 이스트 첨가 수준, 발효 시간 및 오븐 온도에 따른 쌀빵 품질 특성. **한국식품영양학회지, 32**(4): 371–378, 2019.

김석신, 이주희, 장규섭. 마이크로웨이브 Roasting 중 Cocoa Bean의 이화학적 성분 변화. **한국식품과학회지, 32**(4): 814–821, 2000.

김시주, 이춘기. 국립식량과학원 수확 후 이용. **농업기술**, 5월호, 2016.

김현영, 김홍균, 천지연, 정혜정. 고추와 파프리카의 색과 조리방법의 차이에 따른 베타카로틴, 비타민 E, 엽산의 함량과 잔존율. **한국식품영양과학회지, 46**(6): 713–720, 2017.

이석준, 공태인, 정철. 도정도에 따른 쌀의 침지 특성 및 쌀입국의 발효 특성. **한국산학기술학회논문지, 16**(8): 5384–5393, 2015.

이솔, 이윤복, 김향숙. 여러 종류 콩의 일반 및 기능성 성분 분석. **한국식품영양학회지, 42**(8), 2013.

조은혜, 김소영, 홍기운, 김동호, 김동청, 채희정. 열처리에 의한 맹종죽 죽순의 저장성 향상. **외식산업경영연구, 8**(1): 33–42, 2012.

탁은수, 배민우, 강승현, 배유진, 강수연, 정수경, 홍인경. 천연색소 추출공정에서 추출특성에 따른 목표색의 재현. *Appl. chem. Eng. 21*(5), 2010.

황인국, 변재윤, 김경미, 정미남, 유선미. 국내산 고구마의 품종 및 조리방법별 비타민 C 함량. **한국식품영양과학회지, 43**(6): 955–961, 2014.

낙농진흥회 https://www.dairy.or.kr/

농림축산식품부 https://www.mafra.go.kr/

농촌진흥청 http://www.rda.go.kr/main/mainPage.do

식품안전나라 http://www.foodsafetykorea.go.kr

식품음료식품 http://www.thinkfood.co.kr

식품의약품안전처 https://www.mfds.go.kr

축산물품질평가원 https://www.ekape.or.kr

축산유통종합정보센터 www.ekapepia.com

한국유가공협회 http://www.koreadia.or.kr/

국가법령정보센터, 축산물 등급판정 세부기준.

찾아보기

저 / 자 / 소 / 개

변진원

서울대학교 대학원 이학박사

전 수원여자대학교 식품영양과 교수

송주은

영남대학교 대학원 가정학박사

현재 경동대학교 호텔조리학과 교수

김경임

고려대학교 대학원 이학박사

현재 혜전대학교 외식창업조리과 교수

이나겸

세종대학교 대학원 이학박사

현재 장안대학교 식품영양학과 교수

강민정

한양대학교 대학원 이학박사

현재 연성대학교 식품영양학과 교수

PRINCIPLES OF COOKING

조리원리

2021년 2월 25일 초판 발행
2026년 3월 5일 2쇄 발행

지은이 | 변진원 송주은 김경임 이나겸 강민정

발행인 | 유제구
발행처 | 도서출판 파워북
주 소 | 경기도 고양시 일산동구 호수로 358-25
동문타워2차 529호
전 화 | (02) 730-1412
F A X | (031) 908-1410
등 록 | 1997. 1. 31 제 2014-000067호

정가 23,000원
ISBN 978-89-8160-446-2 (93590)

잘못된 책은 바꿔드립니다.